图书在版编目(CIP)数据

大兴安岭地区生态地质研究/周传芳等编著.—武汉:中国地质大学出版社,2025.1.—ISBN 978-7-5625-6032-6

Ⅰ.X321.235

中国国家版本馆 CIP 数据核字第 2024CL5702 号

审图号:黑 S(2025)76 号

大兴安岭地区生态地质研究 周传芳 孙彦峰 梁中恺 **等编著**

责任编辑:张 林 选题策划:江广长 毕克成 段 勇 责任校对:唐家玉

出版发行:中国地质大学出版社(武汉市洪山区鲁磨路 388 号) 邮编:430074

电 话:(027)67883511 传 真:(027)67883580 E-mail:cbb@cug.edu.cn

经 销:全国新华书店 https://cugp.cug.edu.cn

开本:880mm×1230mm 1/16 字数:317 千字 印张:10

版次:2025 年 1 月第 1 版 印次:2025 年 1 月第 1 次印刷

印刷:武汉市籍缘印刷厂

ISBN 978-7-5625-6032-6 定价:158.00 元

中国地质调查成果 CGS 2024—009
“大兴安岭山区生态地质调查”项目 (DD20191014) 资助

大兴安岭地区
生态地质研究

DA XING'AN LING DIQU SHENGTAI DIZHI YANJIU

周传芳　孙彦峰　梁中恺　等 编著

中国地质大学出版社
ZHONGGUO DIZHI DAXUE CHUBANSHE

《大兴安岭地区生态地质研究》编写人员

主　　编：周传芳（中国地质调查局哈尔滨自然资源综合调查中心）

副 主 编：孙彦峰（中国地质调查局哈尔滨自然资源综合调查中心）

梁中恺（中国地质调查局哈尔滨自然资源综合调查中心）

编写人员：张起鹏（中国地质调查局哈尔滨自然资源综合调查中心）

陈　卓（中国地质调查局哈尔滨自然资源综合调查中心）

胡　宸（中国地质调查局哈尔滨自然资源综合调查中心）

杜海双（中国地质调查局哈尔滨自然资源综合调查中心）

王久懿（中国地质调查局哈尔滨自然资源综合调查中心）

姜　平（中国地质调查局哈尔滨自然资源综合调查中心）

魏小勇（中国地质调查局哈尔滨自然资源综合调查中心）

郑吉林（中国地质调查局哈尔滨自然资源综合调查中心）

徐立明（中国地质调查局哈尔滨自然资源综合调查中心）

齐宏运（中国地质调查局哈尔滨自然资源综合调查中心）

牛广元（中国地质调查局哈尔滨自然资源综合调查中心）

冯　嘉（中国地质调查局哈尔滨自然资源综合调查中心）

李少文（中国地质调查局哈尔滨自然资源综合调查中心）

张璇璞（中国地质调查局哈尔滨自然资源综合调查中心）

赵文志（中国地质调查局哈尔滨自然资源综合调查中心）

贾立明（中国地质调查局哈尔滨自然资源综合调查中心）

姜　楠（中国地质调查局哈尔滨自然资源综合调查中心）

于俊博（中国地质调查局哈尔滨自然资源综合调查中心）

裴赢政（中国地质调查局哈尔滨自然资源综合调查中心）

何瑞霞（中国科学院西北生态环境研究院）

金会军（东北林业大学）

王博超（中国地质调查局哈尔滨自然资源综合调查中心）

前　言

生态地质学的概念最早由前苏联学者 Troll K 于 20 世纪 30 年代提出。其主要任务是:对地质圈在自然和人类活动作用下发生的变化进行分析,合理利用地球的水、土地、矿产和能源资源,减轻地质环境受自然和人类活动成因灾害所造成的损失,保障人类生存安全。我国生态地质学研究始于 20 世纪末,主要研究生态与地质的相互关系及其相互作用机理、地球化学特性和地质环境产生的生态作用与生态功能等。

2019 年以来,为全面支撑山水林田湖草沙整体保护、系统修复和综合治理,中国地质调查局设立了"生态地质调查工程",采用"空一天一地"一体化调查技术,获取不同尺度森林、草原、湿地等生态类型分布现状与变化数据,以及成土母质、水文地质、土壤、地形地貌等生态地质要素,分析了生态地质之间相互制约关系,剖析了主要生态问题的成因机理,划分了生态地质单元,提出了基于地球系统科学的国土空间生态保护修复对策建议,为区域生态保护与系统修复工作提供了基础数据与支撑。"大兴安岭山区生态地质调查"是"生态地质调查工程"下设的二级项目,项目在综合分析以往资料和野外调查研究基础上,查明了大兴安岭地区生态地质条件和生态地质问题,划分了Ⅳ级和Ⅴ级生态地质单元、成土母质单元和生态功能区,进行了生态地质脆弱性分区与评价,建立了大兴安岭地区地质构造一多年冻土一森林一沼泽湿地的相互作用关系,提出了生态保护与修复建议。本书的主要内容正是由上述项目的主要成果提炼而成。

本书一共分为五章。第一章绪言,简要介绍了大兴安岭地区交通位置、自然地理和经济发展等,由周传芳、梁中恺、魏小勇执笔;第二章生态地质条件,系统介绍大兴安岭地区地形地貌、气象水文、地质特征、成土母质特征等,由周传芳、孙彦峰、杜海双、徐立明、陈卓、于俊博、贾立明、何瑞霞、金会军执笔;第三章生态地质问题,系统分析了森林、湿地和多年冻土退化及主要成因,由周传芳、郑吉林、姜平、李少文、何瑞霞、赵文志、冯嘉执笔;第四章生态地质评价,介绍了生态地质分区,利用变异系数法进行了生态地质脆弱性综合分析,划分了脆弱性分区,对不同分区的生态地质脆弱性进行了综合分析研究及评价,由胡宸、周传芳、孙彦峰、张璇璞、姜楠、齐宏运、牛广元、裴赢政执笔;第五章国土空间利用和生态保护修复,介绍了生态地质分区、生态规划和用途管制、生态安全格局构建等,由孙彦峰、周传芳、王久懿、王博超执笔。

本书在编制过程中得到了中国地质调查局哈尔滨自然资源综合调查中心于志远、邢卫国、徐斌、郝国杰、李海广、沈睿文、刘智杰、刘涛;中国地质调查局自然资源航空物探遥感中心聂洪峰、肖春蕾;黑龙江省自然资源厅马晓阳,黑龙江省自然资源调查院王逊、李成禄等专家悉心指导和大力支持,一并表示衷心感谢!

本书还有未尽之处,一方面由于生态地质调查尚属于新的交叉学科,理论和实践的探索都还在路上,一切均未定型;另一方面大兴安岭地区是我国特殊的森林沼泽景观区,该区多年冻土发育,生态系统类型独特,生态系统与地质作用之间关系研究难度较大。再者由于作者学术水平有限,加之时间仓促,疏漏和不足在所难免,敬请广大读者批评指正!

编著者
2023 年 10 月

目　录

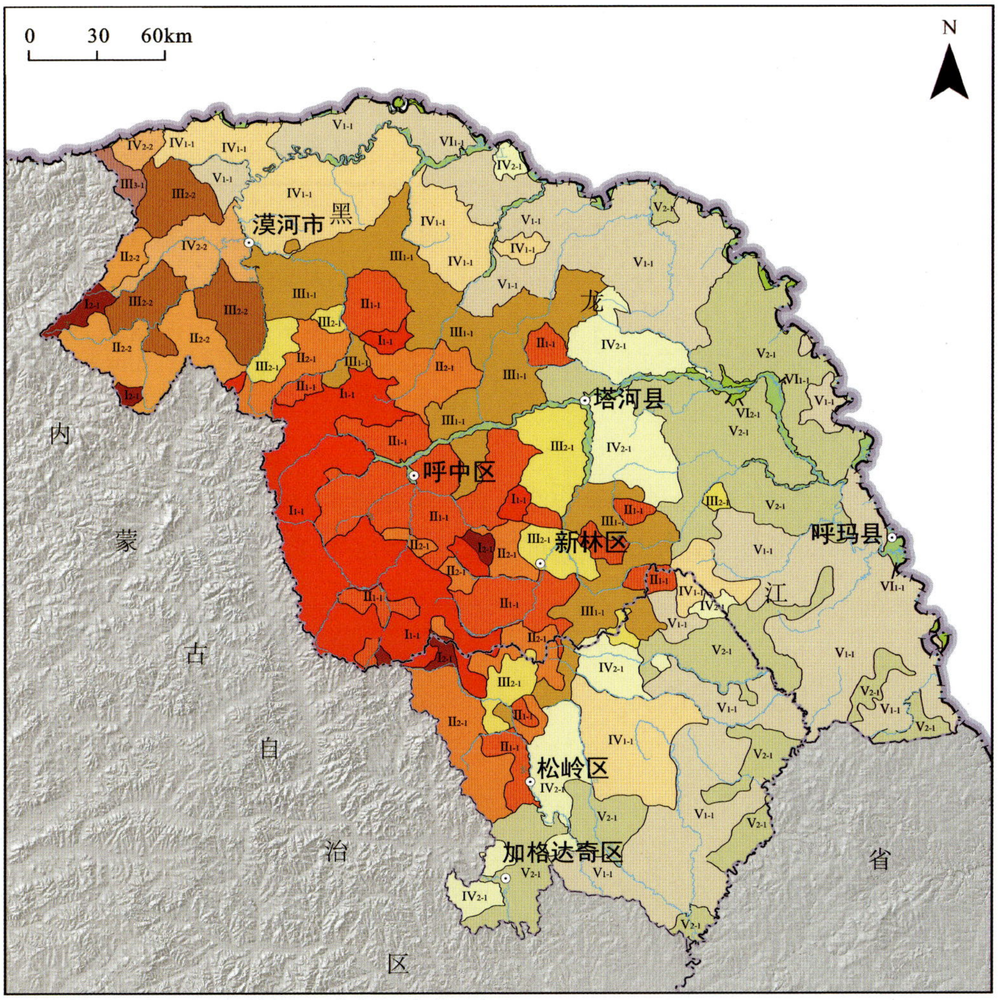

附注：黑龙江省大兴安岭地区行政公署驻加格达奇区。

- Ⅰ1-1 火山岩变质岩尖峭状中山
- Ⅰ2-1 花岗岩火山岩截顶状中山
- Ⅱ1-1 火山岩变质岩尖峭状低山
- Ⅱ2-1 花岗岩基锯齿状低山
- Ⅱ2-2 花岗岩火山岩截顶状低山
- Ⅲ1-1 火山岩变质岩尖峭状高丘
- Ⅲ2-1 花岗岩基锯齿状高丘
- Ⅲ2-2 花岗岩火山岩截顶状高丘
- Ⅲ3-1 沉积岩截顶状高丘
- Ⅳ1-1 火山岩变质岩尖峭状中丘
- Ⅳ2-1 花岗岩基锯齿状中丘
- Ⅳ2-2 花岗岩火山岩截顶状中丘
- Ⅳ3-1 沉积岩截顶状中丘
- Ⅴ1-1 火山岩变质岩尖峭状低丘
- Ⅴ2-1 花岗岩基锯齿状低丘
- Ⅵ1-1 泥砂质河谷平原
- Ⅵ2-1 泥砂质砾石质山间平原

图 2-1　大兴安岭地区地貌图

(一)中山

1. 褶断剥蚀中山

火山岩变质岩尖峭状中山（Ⅰ$_{1-1}$）：主要分布在呼玛河、盘古河和额木尔河源头地区，平均高程920m，2km 范围最大高差 609m，坡度主要为 0°～20°，最高坡度 39°。

2. 寒冻剥蚀中山

花岗岩火山岩截顶状中山（Ⅰ$_{2-1}$）：主要分布在大兴安岭西南部，乌玛河源头和激流河右岸等地区，平均高程 900m，2km 范围最大高差 503m，坡度主要为 0°～16°，最高坡度 33°。

（二）低山

1. 褶断剥蚀低山

（1）火山岩变质岩尖峭状低山（$Ⅱ_{1-1}$）：主要分布在大兴安岭中南部地区激流河、呼玛河和额木尔河源头地区，平均高程 760m，2km 范围最大高差 486m，坡度主要为 0°～18°，最高坡度 39°。

（2）花岗岩基锯齿状低山（$Ⅱ_{2-1}$）：主要分布在大兴安岭中部，额木尔河上游地区，平均高程 745m，2km 范围最大高差 488m，坡度主要为 0°～18°，最高坡度 38°。

2. 寒冻剥蚀低山

花岗岩火山岩截顶状低山（$Ⅱ_{2-2}$）：主要分布在大兴安岭西部和中南部，大林河源头和激流河左岸等地区，平均高程 770m，2km 范围内最大高差 434m，坡度主要为 0°～15°，最高坡度 34°。

（三）高丘

1. 褶断剥蚀高丘

（1）火山岩变质岩尖峭状高丘（$Ⅲ_{1-1}$）：主要分布在大兴安岭中东部，呼玛河以南，额木尔河以东地区，平均高程 635m，2km 范围内最大高差 447m，坡度主要为 0°～16°，最高坡度 33°。

（2）花岗岩基锯齿状高丘（$Ⅲ_{2-1}$）：主要分布在大兴安岭东南部，呼玛河以北地区，平均高程 635m，2km 范围内最大高差 426m，坡度主要为 0°～14°，最高坡度 38°。

2. 寒冻剥蚀高丘

（1）花岗岩火山岩截顶状高丘（$Ⅲ_{2-2}$）：主要分布在大兴安岭西部和北部，激流河两岸和霍拉盆河上游，平均高程 665m，2km 范围内最大高差 335m，坡度主要为 0°～12°，最高坡度 34°。

（2）沉积岩截顶状高丘（$Ⅲ_{3-1}$）：主要分布在大兴安岭西部和北部，大营村西部地区和额尔古纳市恩和哈达河两岸，平均高程 605m，2km 范围内最大高差 296m，坡度主要为 0°～12°，最高坡度 27°。

（四）中丘

1. 褶断剥蚀中丘

（1）火山岩变质岩尖峭状中丘（$Ⅳ_{1-1}$）：主要分布在大兴安岭中北部，额木尔河两岸，盘古河左岸，平均高程 520m，2km 范围内最大高差 390m，坡度主要为 0°～12°，最高坡度 41°。

（2）花岗岩基锯齿状中丘（$Ⅳ_{2-1}$）：主要分布在大兴安岭东南部，呼玛河两岸，平均高程 525m，2km 范围内最大高差 382m，坡度主要为 0°～14°，最高坡度 35°。

2. 寒冻剥蚀中丘

（1）花岗岩火山岩截顶状中丘（$Ⅳ_{2-2}$）：主要分布在大兴安岭中北部，古连河左岸和黑龙江右岸地区，平均高程 565m,2km 范围内最大高差 404m,坡度主要为 0°～11°,最高坡度 35°。

(2)沉积岩截顶状中丘($Ⅳ_{3-1}$):主要分布在大兴安岭北部,额木尔河右岸,莫托卡西河和老沟河之间,平均高程 580m,2km 范围内最大高差 266m,坡度主要为 0°～12°,最高坡度 38°。

(五)低丘

(1)火山岩变质岩尖峭状低丘($Ⅴ_{1-1}$):主要分布在大兴安岭东北部和东南部,黑龙江右岸和呼玛河两岸,平均高程 390m,2km 范围内最大高差 334m,坡度主要为 0°～11°,最高坡度 43°。

(2)花岗岩基锯齿状低丘($Ⅴ_{2-1}$):主要分布在大兴安岭东部和南部,呼玛河两岸及加格达奇区周边,平均高程 395m,2km 范围内最大高差 336m,坡度主要为 0°～10°,最高坡度 36°。

(六)冲积平原

(1)泥砂质河谷平原($Ⅵ_{1-1}$):主要分布在黑龙江、呼玛河、额木尔河等较大河流的河谷中,平均高程 300m,坡度主要为 0°～9°,最高坡度 43°。

(2)泥砂质砾石质山间平原($Ⅵ_{2-1}$):主要分布在大兴安岭地区较大河流的阶地上,平均高程 270m,坡度主要为 0°～6°,最高坡度 28°。

二、地形地貌对林草湿分布格局的影响

大兴安岭是我国最大的原始林区,主要树种有兴安落叶松、白桦、樟子松、山杨、红皮云杉等。在局部地形地貌之下,其生态系统类型存在一定差别。

大兴安岭不同坡向的岩石风化条件不同,表现为阳坡日照时间较长,且较为强烈,温度变化也较为剧烈,冰冻和冻融的作用更加强烈,促使阳坡风化作用较阴坡强,风化程度的差别在上坡位更为明显,下坡位由于平缓则差别不大,这是导致大兴安岭地区南坡相对陡峭,北坡相对平缓的主要原因。陡峭的南坡残坡积物很难留存,加之强烈的日照,地表土层中水分蒸发量大,导致大兴安岭地区陡峭南坡一般不长树木,只有临近山顶处才有乔木出现,形成气候单面山地貌。北坡各种条件与南坡正好相反,加之多年冻土的特殊条件,导致除南坡和河谷外,其他地区多为茂密的森林。在大兴安岭地区地形地貌对区域生态格局上也存在较大影响。西部大兴安岭主脊附近相对海拔高,以中山和低山为主,山体陡峭,生长以兴安落叶松和樟子松为主的针叶林,其下灌木以偃松、兴安杜鹃、杜香为主;在中部高丘和中丘地区,则主要生长兴安落叶松和白桦组成的针阔混交林,其下灌木主要为兴安杜鹃、杜香、笃斯越橘等;在东部黑龙江沿岸附近,海拔最低,主要为低丘和河谷平原,生长以白桦、山杨、蒙古栎为主的阔叶林,其下灌木主要为兴安杜鹃,草本较为茂盛。受多年冻土影响,河流下蚀作用被多年冻土阻隔,下蚀作用较弱,而侧蚀作用较强,导致了大兴安岭地区河谷宽广。在溪流上游的河谷,沼泽湿地很普遍,主要发育灌木林和草甸及喜湿的乔木等,在较大的河流普遍分布阶地,阶地上排水较好,多为草甸,而沼泽湿地不发达,一般被开发为居民用地和农田。

第二节　气象水文

一、气候气象特征

大兴安岭地区属于寒温带大陆季风气候区，冬季酷寒达 7 个月以上，日照时间非常短，夏季炎热期短，只有 1 个月左右，每年 6—8 月，日照时间长，可达 17h，夏季迟缓，秋季降温迅速。年平均温度与地形起伏具有一致性，即地势高处地温较低，地势低处气温较高，整体形成了西低东高、北低南高的现象。2019 年大兴安岭地区年平均气温为－1.43℃，其中 1 月最冷（平均－27.5℃）、7 月最暖（平均 18.2℃）。通过对大兴安岭地区 7 个气象站的 1980 年至 2020 年气温进行分析，位于大兴安岭地区最南部的加格达奇站和海拔最低的呼玛站年平均气温最高，而位于最北部的北极村站和漠河站，单个气象站的年平均气温记录均呈现明显的长期正向趋势（图 2-2）。近 40 年时间内，大兴安岭地区年平均气温升高 1.6℃，与全球气候变暖趋势一致，但升温幅度远高于 IPCC 报告指出的近 100 年来，全球平均近地表气温上升 0.74℃。

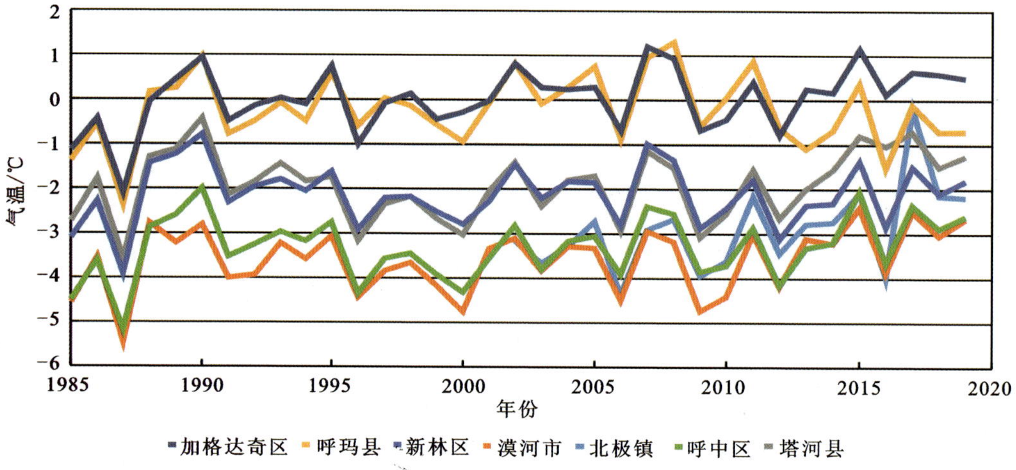

图 2-2　大兴安岭地区 1980 年至 2020 年年均气温变化折线图

大兴安岭地区降水量总体呈南多北少，变化不大。受寒冷干燥蒙古高压影响，冬季降水较少，只有强烈冷锋过境时才会形成降雪（积雪期达 5 个月，林内雪深为 30～50cm），但降水量较低（图 2-3）。

与此相反，该地区夏季东南季风活跃，海洋季风在北方气流的冲击下形成了较多的降水量，这一季节的降水量占全年总降水量的 85%～90%。该区 2018 年平均降水量为 441mm。2 月年平均雪深最大为 21～25cm。各气象站的监测数据基本都显示以上特点。通过对 7 个气象站多年降水量进行分析，整个大兴安岭山脉降水线大体与大兴安岭山体平行，夏季海洋季风受阻于山地东侧，东坡降水多，西坡相对较为干旱，整个山区气候相对比较湿润。

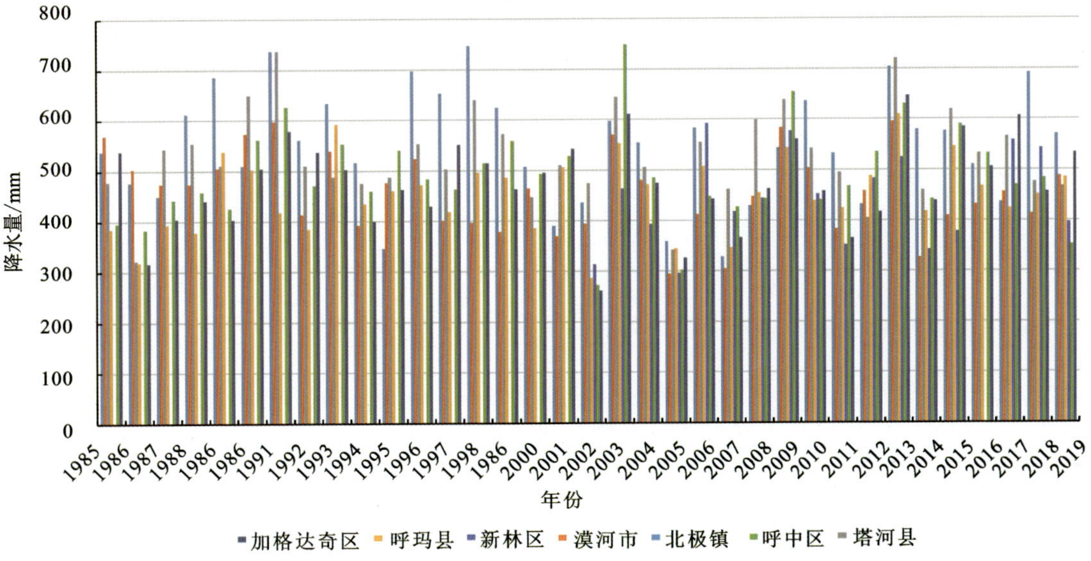

图 2-3　大兴安岭地区 1980 年至 2020 年年均降水量变化柱状图

二、水文与水资源特征

（一）地表水分布及特征

地表水是指陆地表面上动态水和静态水的总称，包括各种液态的和固态的水体，主要有河流、湖泊、沼泽、冰川、冰盖等。它是人类生活用水的重要来源之一，也是水资源的主要组成部分。

大兴安岭地表水类型主要有河流、沼泽、湖泊，以及人工修建的各类设施包括池塘、排水渠、人工渠等。地表水体分布广泛，面积为 8 057.20km²，占全区面积的 10%。

1. 沼泽

大兴安岭地区沼泽广布，沼泽是地表及地表下层土壤经常过度湿润，地表生长着湿性植物和沼泽植物，有泥炭累积或虽无泥炭累积但有潜育层存在的土地。沼泽是大兴安岭地区地表水体中面积最大的水体，面积为 7 435.16km²，占地表水体面积的 92.28%，沼泽湿地的空间分布受到气候、地形等要素影响。

2. 天然河流

天然河流是陆地表面上经常或间歇有水流动的线性天然河道。大兴安岭地区河流纵横、河道密集，划分出众多小流域，整个大兴安岭地区均属黑龙江流域。除黑龙江干流外，还有流域面积 200km² 以上河流 40 余条，河流总长度达到 938×10^4 km，河网密度 1120km/km²。

3. 地表水质量评价

为了控制大兴安岭地区地表水水质，在整个大兴安岭地区共设计地表水样品分析测试 205 组，其中 105 组以控制全区主要河流为目的，按照主要河流重要河段、人口聚集地上下游、主要支流汇入点的布设原则进行布设，对黑龙江、呼玛河、额木尔河和嫩江的主要支流进行了采样控制。另外100组控制分布于松岭区的重要湿地功能区，进行大密度的布设，同时对丰水期和枯水期进行对比分析。所采样品中影响地表水水质的主要指标是高锰酸盐指数和氨氮。其中，高锰酸盐指数中劣Ⅴ类水占62%，Ⅴ类水占29%，Ⅳ类水占7%，Ⅲ类水占2%；氨氮单要素中Ⅴ类水占19%，Ⅲ类水占47%，Ⅱ类水占2%，Ⅰ类水占32%；其他指标均属于Ⅰ类水。

（二）地下水分布及特征

1. 地下水形成条件与赋存规律

大兴安岭地区年降水量458～45mm，地表径流深160～240mm。在长期风化作用下，特别是第四纪以来的冰川冰缘作用，在广大中低山及台地表面形成几十米深的风化裂隙带及厚5～10m的冰缘碎石层。同时，区内森林植被形成时间较晚，土壤层较薄，为大气降水提供了良好的入渗途径。但由于大兴安岭地区气候寒冷地表封冻时间长（长达八九个月），这些因素都不同程度地阻碍了大气降水入渗及地下水的循环，故该区大气降水具有入渗补给时间短、分布不均匀、入渗系数大的特点。

大兴安岭地区地下水流途短、交替快，属矿化度极低的淡水，水化学成分单一。区内森林密布，水化学环境处于弱酸性还原环境，pH值6.5～7.0。

大兴安岭地区广泛分布的冻土主要为多年冻土，可被视为冷生隔水体。冻土发育地带，大气降水入渗后，仅在季节融化层内形成冻结层上水。冻结层上水交替速度快，属矿化度极低的淡水，水中各种微量元素含量少，多以下降泉的形式排泄。融区发育地段，地下水能够进行深循环，形成冻结层下水。冻结层下水径流路径长，可溶滤含水层中各种微量元素，矿化度与冻结层上水相比稍高，最终排泄至储水构造带中。

大兴安岭地区广泛分布的火山岩和花岗岩受冻融风化作用最为强烈，冰缘碎石层普遍发育，表部块砾直径5～30cm，大者可达100～300cm，冻融碎石层沿坡堆积，降水极易入渗，形成风化裂隙水。

侏罗纪以来，大兴安岭地区受多期次南北向及北西-南东向挤压应力，形成南北向断裂、北东向张扭性断裂及东西向、北西向先压后张型断裂，构成了区内主要含水构造带。在西部地区主要埋藏在冻结层下，构成冻结层下储水构造带。这些储水构造带接受冻结层下水补给，形成构造裂隙承压水。

呈条带状分布的河谷平原，堆积厚5～20m的松散砂砾石、砾卵石，孔隙度高，接受大气降水、基岩裂隙水、碎屑岩孔隙裂隙水、构造裂隙水及汛期河水的补给，形成松散岩类孔隙水，最终于各河谷两侧排泄补给地表水。

2. 地下水类型与含水岩组富水性

根据地下水赋存条件及其水力特征，按照《水文地质手册》分类标准，将大兴安岭地区地下水划分为松散岩类孔隙水、碎屑岩类孔隙裂隙水、基岩裂隙水三大类。基岩裂隙水又分为构造裂隙水、风化裂隙水2种类型。

（1）松散岩类孔隙水。大兴安岭地区松散岩类孔隙水，主要分布于河谷平原与台地中，含水层由砂、砂砾石、砾卵石等构成。部分地区受多年冻土控制，因此分为冻结层孔隙水和融区孔隙水2种类型。冻结层孔隙水以固体形式存在，无供水意义。融区孔隙水由于所处地质地貌部位及含水层岩性、结构、厚度、补径排条件的不同，其富水性也存在明显差异。

（2）碎屑岩类孔隙裂隙水。碎屑岩类孔隙裂隙水主要分布于大兴安岭北部中生代漠河盆地中，含水层主要由绣峰组（J_3x）、二十二站组（J_3er）、漠河组（J_3m）、九峰山组（K_1j）等的砂岩、砂砾岩构成。

（3）基岩裂隙水。基岩裂隙水分布于广大中低山台地区，含水层由花岗岩、火山岩和变质岩的风化带及残坡积层构成。多年冻土、地形、地貌、汇水条件、岩石性质、破碎程度及侵蚀基准面等多种因素共同决定了风化裂隙水的赋存条件。风化裂隙水在空间上是不连续的，时间上受降水因素和冻土制约，其富水性很不均匀。

3. 地下水水化学类型

大兴安岭地区地下水 TDS 为 65.91～939.49mg/L，平均为 285.49mg/L；$\rho(Ca^{2+})$ 为 6.71～90.80mg/L，平均为 39.13mg/L；$\rho(Mg^{2+})$ 为 1.20～76.4mg/L，平均为 13.35mg/L；$\rho(Na^{+})$ 为 6.74～34.1mg/L，平均为 10.30mg/L；$\rho(K^{+})$ 为 0.45～5.94mg/L，平均为 1.19mg/L；$\rho(Cl^{-})$ 为 0.22～47.6mg/L，平均为 4.81mg/L；$\rho(SO_4^{2-})$ 为 2.3～128.00mg/L，平均为 18.59mg/L；$\rho(HCO_3^{-})$ 为 9.5～42.5mg/L，平均为 16.17mg/L。

地下水中阴离子 HCO_3^- 型水分布最为广泛，其次为 HCO_3^--SO_4^{2-} 型水，SO_4^{2-}、HCO_3^--Cl^-、SO_4^{2-}-Cl^- 型和 HCO_3^--SO_4^{2-}-Cl^- 型地下水零星分布；阳离子以 Ca^{2+}-Mg^{2+} 型和 Ca^{2+}-Na^+ 型地下水为主，其次为 Ca^{2+}。

1-A 型地下水，为 TDS 不大于 1.5g/L 的 HCO_3^--Ca^{2+} 型地下水，共有 2 个调查点，占全部取样点的 8%，为表沉积岩地区浅层溶滤水；2-A 型地下水，为 TDS 不大于 1.5g/L 的 HCO_3^--$Ca^{2+}\cdot Mg^{2+}$ 型地下水，共 5 个调查点，占全部取样点的 20%，矿化作用相对于 1-A 型地下水较强；4-A 型地下水，为 TDS 不大于 1.5g/L 的 HCO_3^--$Ca^{2+}\cdot Na^+$ 型地下水，共 4 个调查点，占全部取样点的 16%，矿化作用相对于 2-A型地下水较强；8-A 型地下水，为 TDS 不大于 1.5g/L 的 $HCO_3^-\cdot SO_4^{2-}$-Ca^{2+} 型地下水，共 1 个调查点，占全部取样点的 4%，矿化作用相对于 4-A 型地下水较强；9-A 型地下水，为TDS不大于 1.5g/L 的 $HCO_3^-\cdot SO_4^{2-}$-$Ca^{2+}\cdot Mg^{2+}$ 型地下水，共 3 个调查点，占全部取样点的 12%，矿化作用相对于 8-A 型地下水较强；11-A 型地下水，为 TDS 不大于 1.5g/L 的 $HCO_3^-\cdot SO_4^{2-}$-$Ca^{2+}\cdot Na^+$ 型地下水，共 4 个调查点，占全部取样点的 16%，矿化作用相对于 9-A 型地下水较强；16-A型地下水，为 TDS 不大于 1.5g/L 的 $HCO_3^-\cdot SO_4^{2-}\cdot Cl^-$-$Ca^{2+}\cdot Mg^{2+}$ 型地下水，共 2 个调查点，占全部取样点的 8%，矿化作用相对于 11-A 型地下水较强；18-A 型地下水，为 TDS 不大于 1.5g/L 的 $HCO_3^-\cdot SO_4^{2-}\cdot Cl^-$-$Ca^{2+}\cdot Na^+$ 型地下水，共 1 个调查点，占全部取样点的 4%，矿化作用相对于 16-A 型地下水较强；22-A 型地下水，为 TDS 不大于 1.5g/L 的 $HCO_3^-\cdot Cl^-$-Ca^{2+} 型地下水，共1 个调查点，占全部取样点的 4%，矿化作用强于 18-A 型地下水；32-A 型地下水，为 TDS 不大于 1.5g/L 的 SO_4^{2-}-$Ca^{2+}\cdot Na^+$ 型地下水，共 1 个调查点，占全部取样点的 4%，矿化作用强于 22-A 型地下水；36-A型地下水，为 TDS 不大于 1.5g/L 的 $SO_4^{2-}\cdot Cl^-$-Ca^{2+} 型地下水，共 1 个调查点，占全部取样点的 4%，矿化作用强于 32-A 型地下水。

地下水化学类型分布在一定程度上能反映出地下水赋存、迁移的状态，可以看出，大兴安岭地区地下水整体矿化度较低，矿化作用较小。

（三）水资源特征

大兴安岭地区开发程度较低，可供地下水资源计算的资料较少，只能估算天然补给量。

基于 ArcGIS 叠置分析功能，将数据栅格化后逐个栅格计算出补给量，区内地下水补给来源主要为大气降水入渗补给，根据入渗系数法求得补给量。其计算公式为

$$Q_{补} = F \cdot X \cdot \alpha \cdot (1-P) \tag{2-1}$$

式中：$Q_{补}$ 为降水入渗补给量(m^3/a)；F 为栅格面积(m^2)；X 为栅格多年平均降水量(mm)；α 为降水入渗系数；P 为多年冻土分布面积的垂直投影与区域面积的比值。各参数取得方式如下：为了满足计算要求，将单个栅格面积 F 设置为 90m×90m；栅格多年平均降水量 X，根据区内气象站多年降水量资料制

作多年平均降水量分布图；降水入渗系数 α，据《供水水文地质手册》中经验系数及林枫桐等著《多年冻土地区水文地质与工程地质学》中经验系数，并考虑水文地质条件综合选取。

为保证计算结果的准确性，对不同下垫面类型进行划分，分别进行赋值(表 2-1、表 2-2)，再匹配入渗系数。

表 2-1　大兴安岭地区下垫面类型赋值

<table>
<tr><td>下垫面类型</td><td>稀疏林地</td><td>草地</td><td>森林</td><td>耕地</td><td>沼泽</td><td>水面</td><td>硬化地面</td><td>裸地</td></tr>
<tr><td>面积/km²</td><td>0.01</td><td>0.13</td><td>7.18</td><td>0.13</td><td>0.72</td><td>0.06</td><td>0.04</td><td>0.09</td></tr>
<tr><td>$\alpha_{平}$</td><td>0.25</td><td>0.35</td><td>0.30</td><td>0.45</td><td>0.10</td><td rowspan="2">0</td><td rowspan="2">0.05</td><td rowspan="2"></td></tr>
<tr><td>$\alpha_{陡}$</td><td>0.20</td><td>0.25</td><td>0.25</td><td>0.35</td><td>0.08</td></tr>
</table>

表 2-2　大兴安岭地区裸地岩性赋值

下垫面类型	松散岩类	裂隙极少	裂隙较少	裂隙中等	裂隙较大
α	0.20	0.10	0.15	0.18	0.20

裸地：这类下垫面入渗系数主要与其组分粒度和岩石裂隙分布情况相关，平坦地区参考松散岩类，山区参考岩石裂隙发育情况。其中，需要注意的是城市区域硬化地面渗透性极差，绝大部分降水汇入排水系统直接进入河流，所以将硬化路面区域划归坚硬岩石。

水面：水面是指下垫面表层是自由水体的区域，包括河流、沼泽、人工渠等，降水通过水面直接汇入地表水，不会对地下水产生补给。其中，需要注意的是沼泽区域内的水体处于缓流状态，降水过后其中滞留的水会向下补给地下水，所以在计算时将沼泽入渗系数按照草地类型入渗系数的30%进行定值。

森林：这类下垫面具有良好的渗透性，降水可以很快地入渗，但是大兴安岭地区，尤其是低山丘陵地区含水层厚度很薄，而且区域降水量集中于7—8月，降水密集，包气带含水量很大，在降水发生时很容易发生饱和产流，所以实际入渗系数与预期的入渗系数存在较大差异。

耕地、稀疏森林：这类下垫面具有较好的渗透性，且含水层厚度相对较大，所处地形平坦，实际入渗系数相对于预期值差。

相同下垫面类型入渗系数会随坡度变大而变小。在地形平坦时，降水在下垫面表面不易形成径流，更有利于降水入渗；而在坡度较大时，降水在下垫面表面很容易形成坡面流，导致部分降水直接通过地表向下游汇入河流，而不会渗入包气带中。根据这种属性，按照坡地划分标准将微坡(0°～2°)、缓坡(2°～8°)划为平地，将坡度大于缓坡(>8°)的区域划为坡地。

多年冻土分布率 P：不同的冻土区，P 值各不相同，根据冻土分布的规律将不同类型冻土区进行赋值(表 2-3)。

表 2-3　大兴安岭地区多年冻土分布率

冻土类型	大片连续多年冻土	不连续多年冻土	岛状多年冻土	季节性冻土
多年冻土分布率 P/%	70	40	20	0

通过赋值，可以得到每一个栅格的 P、α、F、X，按照 $Q_{补}=F\cdot X\cdot \alpha\cdot(1-P)$ 计算可以得到栅格对应的补给量 Q_i(图 2-4)。

$$Q=\sum_{i=1}^{n}Q_i/10^{-8} \tag{2-2}$$

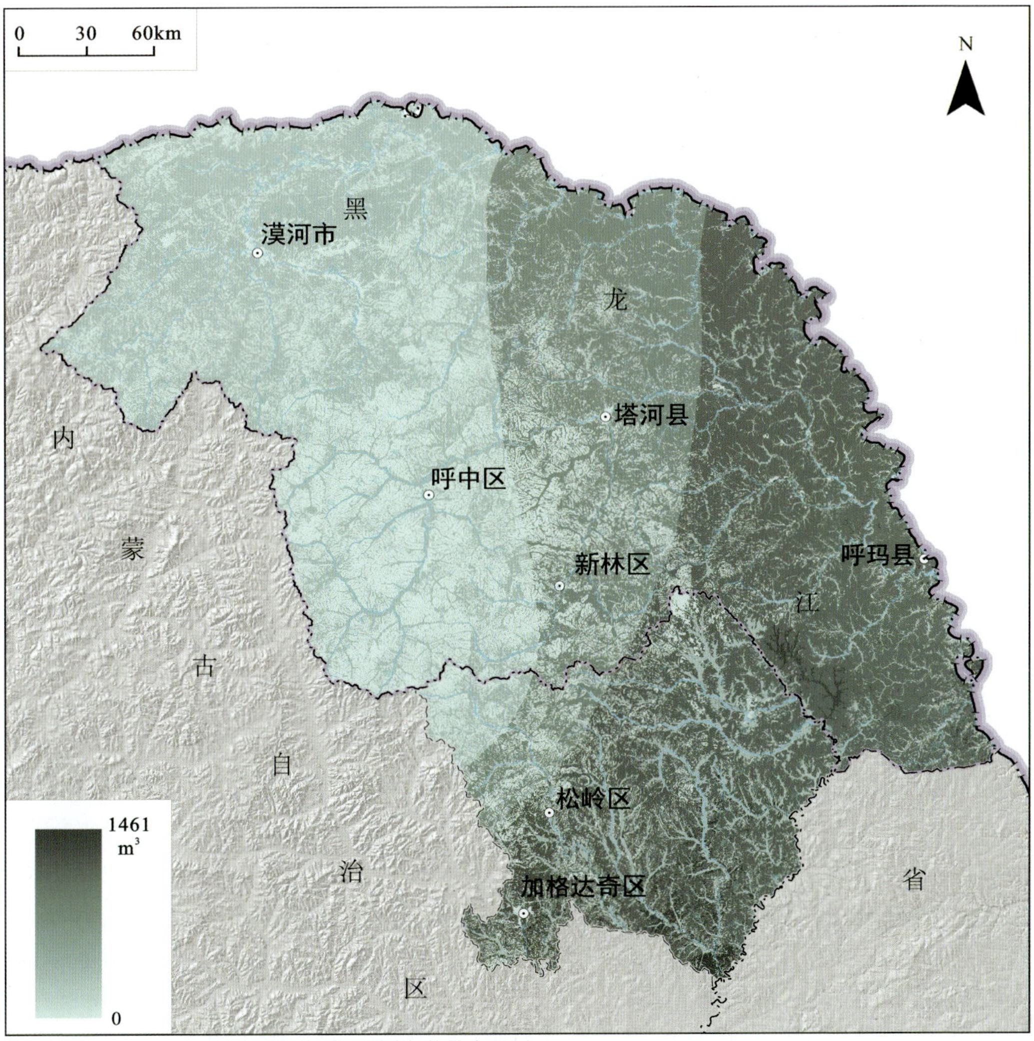

附注：黑龙江省大兴安岭地区行政公署驻加格达奇区。

图 2-4 大兴安岭地区栅格入渗补给量分布图

式中：Q 为入渗补给总量（亿 m^3）；Q_i 为编号为 i 的栅格的入渗补给量（m^3）；n 为栅格总数。

计算结果：大兴安岭地区地下水天然补给量为 $60.46\times10^9 m^3/a$。

地下水资源计算中涉及的气象及水文地质参数有降水量、降水入渗系数 α、冻土分布概率等。诸参数中，除降水入渗系数 α 在选取时参照了经验数值外，水文、气象资料系在水文、气象部门收集。因而，各种参数反映了测区特点，可靠程度高。

三、气象水文对林草湿分布格局的影响

大气圈与生物圈的相互作用是连接地球系统中生命世界和无生命世界的重要过程之一，也是地球环境变化中一个最基本的过程。其中，气候气象和水文是限制植被生长发育的主要因素。地球系统历经约 46 亿年的地质演化，通过内外力相互作用，塑造了现今独特的自然地理环境格局。大兴安岭地区气候寒冷，植物生长期短，普遍分布着北方明亮针叶林，是欧亚大陆“泰加林带”向南的延伸部分。大兴安岭森林是中国有代表性的寒温带森林，或称为寒温性森林。西坡海拔相对较高，气候干燥，降水量小，蒸发量大，以干旱区草甸草原为主，向东降水量增大，气候变得湿润，主要为以兴安落叶松为优势树种的

森林生态系统。在最典型地段，林下发育一些低矮、常绿且具有旱性结构特征的灌木层，代表种类有笃斯越橘和杜香等。在大兴安岭东侧低海拔地区，除了兴安落叶松外，还包括一些阔叶树种，如白桦、蒙古栎、山杨和黑桦。在河流沟谷等地势较低处，受多年冻土作用，地表水下渗困难，往往形成地表积水，植被主要为柴桦、沼柳、笃斯越橘和以小叶章、苔草为主的草本植被，形成沼泽湿地生态系统。沼泽湿地具有强大的生态功能，如固碳功能，沼泽湿地具有较强的生物生产效能，植物生长期可以吸收固定大量二氧化碳和其他气体，沼泽中可积累大量的有机碳，具有较强的固碳作用；水分调节功能，沼泽湿地具有湿润大气、净化环境的功能，在蓄水、调节河川径流、补给地下水和维持区域水平衡中发挥着重要作用；净化功能，沼泽湿地有助于减缓水流速度，当含有有毒物质和小颗粒杂质的流水经过湿地时，流速减慢，既能促使小颗粒杂质逐渐沉降，又能使植物更充分地吸附截留有毒物质；提供动物栖息地功能，复杂多样的植物群落、良好的水源条件为动物栖息提供了良好的生存环境；调节局部小气候，沼泽湿地中水体具有巨大的比表面积，可以加速水分的蒸发，然后又以降水、雾气凝结的形式降落到周围地区，加快大气水循环，保持周边区域的湿度和降水量。

第三节　地质特征

黑龙江省大兴安岭地区Ⅰ级构造单元属于西伯利亚克拉通(南缘陆缘增生带)，Ⅱ级构造单元位于额尔古纳-图瓦联合地块和兴蒙古生代造山带，Ⅲ级构造单元横跨额尔古纳地块、新林-喜桂图旗结合带和大兴安岭弧盆系。该区处于古亚洲洋构造域、蒙古-鄂霍次克洋构造域和环太平洋构造域叠加部位，经历了太古宙—中(新)生代漫长的演化历史，形成了特定的区域地质构造背景。前中生代主体受控于古亚洲洋构造域，早—中泥盆世以来环太平洋构造域的影响逐步加强，中二叠世—早白垩世早期叠加蒙古-鄂霍次克洋构造域，新生代则全面转入环太平洋构造域。

中元古代晚期地块裂离至中亚造山带东段构成额尔古纳等地块雏形；新元古代—早寒武世古亚洲洋演化，各地块发生增生、弧后盆地消亡；早古生代—早中生代早期古亚洲洋演化，微地块与多岛弧盆系拼合形成统一地块；晚三叠世—早白垩世古太平洋板块、蒙古-鄂霍次克板块俯冲，欧亚大陆形成，在此期间陆内造山运动显著，发生大规模的火山喷发和岩浆侵入，形成令人瞩目的北北东向大兴安岭火山-岩浆岩带。晚白垩世—第四纪以环太平洋构造域影响与陆内盆岭构造为主，第四纪以陆内差异沉积为主。

一、地层

大兴安岭地区古元古界至中生界、新生界均有出露(图2-5)。

古元古界为查拉班河表壳岩($\mathrm{Pt_1}c$)，中新元古界兴华渡口岩群($\mathrm{Pt_{2\text{-}3}}Xh.$)为一套中深变质岩，新元古界南华系佳疙瘩组和震旦系额尔古纳河组为一套中浅变质的碎屑岩和碳酸盐岩。新元古界—下寒武统寒武系兴隆群为陆表海沉积环境形成的碎屑岩、碳酸盐岩。奥陶系地层为一套中浅变质的碎屑岩、碳酸盐岩和海相中酸性火山岩-碎屑岩建造。泥盆系和志留系属海相碎屑岩-基性、中酸性火山岩-碎屑岩和浅海相碳酸盐岩建造。石炭系以碳酸盐岩建造为主，局部夹钠质火山岩。二叠系较为发育，为一套海相、滨海相中酸性火山岩及其碎屑岩组合夹正常碎屑岩。中生代为陆地板内构造运动阶段，大型盆地和山间盆地沉积堆积是形成沉积地层的主要地质环境。侏罗系为河湖相含煤陆源碎屑岩建造、中基性火山岩建造，后者构成大兴安岭火山岩建造的主体。白垩系为陆相中基性、中酸性火山岩及其碎屑岩建造。新生界以古近系、新近系和第四系差异升降为主，形成松散河流堆积物及阶地等(表2-4)。

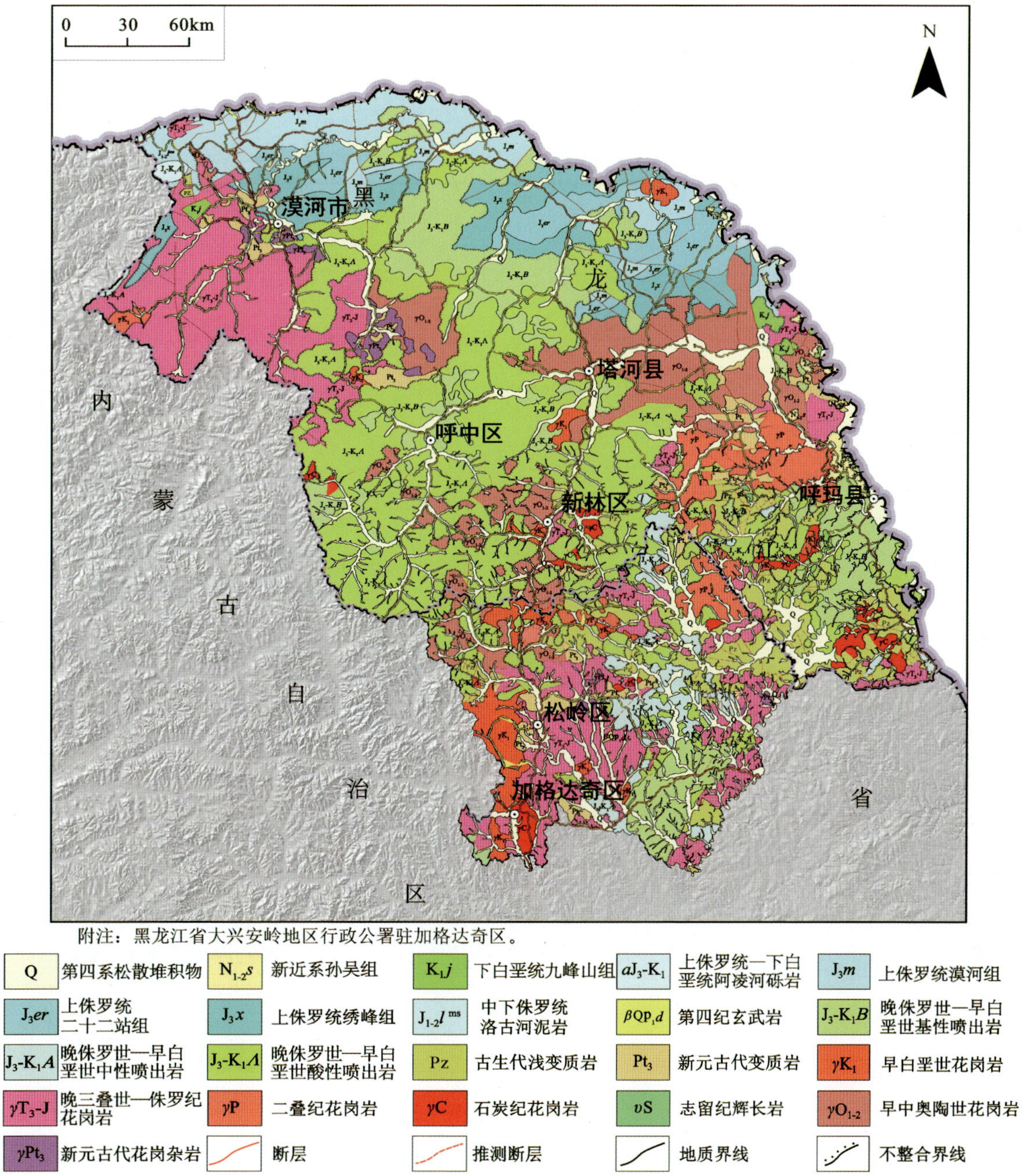

附注：黑龙江省大兴安岭地区行政公署驻加格达奇区。

图 2-5　大兴安岭地区地质简图

表 2-4　大兴安岭地区地层一览表

年代地层单位			岩石地层单位				主要岩性
界	系	统	群	代号	组	代号	
新生界	第四系 Q	全新统				Qh	沼泽、冰水、河漫滩冲洪积物
		更新统				Qp	土黄色、黄色砾石层及泥砾
	新近系 N				孙吴组	$N_{1-2}s$	弱胶结砂砾岩、砂岩

续表 2-4

年代地层单位			岩石地层单位				主要岩性
界	系	统	群	代号	组	代号	
中生界	白垩系K	下统 K_1			孤山镇组	K_1gs	粗面岩、流纹岩及火山碎屑岩
					甘河组	K_1g	玄武岩、凝灰岩、砂质泥岩
					九峰山组	K_1j	砂岩、含砾砂岩、凝灰砂岩、泥岩
					光华组	K_1gn	酸性凝灰岩、中性熔岩
					龙江组	K_1l	安山岩、安山质凝灰熔岩、凝灰岩
					瓦拉干组	K_1w	气孔杏仁状块状玄武粗安岩、英安质火山岩
					白音高老组	K_1by	酸性火山碎屑岩、熔岩、熔结凝灰岩
	侏罗系J	上统 J_3	额木尔河群	J_3E	漠河组	J_3m	砂岩、粉砂质泥岩
					二十二站组	J_3er	细砂岩、粉砂岩、粉砂质泥岩
					绣峰组	J_3x	砾岩、砂砾岩、含砾粗砂岩、砂岩
					玛尼吐组	J_3mn	粗面岩、安山岩、英安质火山碎屑岩
					满克头鄂博组	J_3mk	酸性凝灰岩、流纹岩、英安岩
		中统 J_2			塔木兰沟组	$J_{2-3}t$	橄榄玄武岩、玄武岩、安山玄武岩
古生界	二叠系P	上统 P_3			林西组	P_3l	灰黑色、灰绿色砂岩、板岩
		下统 P_1			花朵山组	C_2-P_1h	英安岩、安山岩、岩屑砂岩、粉砂岩、砾岩
	石炭系C	上统 C_2					
		下统 C_1			红水泉组	C_1hs	海相碎屑岩、灰岩，局部夹凝灰岩
	泥盆系D	中上统 D_{2-3}			根里河组	$D_{2-3}g$	杂砂岩、杂砂质长石砂岩、绿泥板岩、凝灰砂岩、凝灰岩
		下统 D_1			腰桑南组	D_1y	灰紫色—灰绿色粉砂岩、粉砂板岩夹灰岩
					泥鳅河组	D_1n	长石石英砂岩，粉砂岩，泥质、凝灰质粉砂岩
	志留系S	上统 S_3			卧都河组	S_3w	粉砂质板岩、粉砂岩、凝灰质板岩、黄色细粒石英砂岩
		中统 S_2			八十里小河组	S_2b	杂砂岩、粉砂岩、含砾砂岩、砂砾岩，以含砾砂岩为主
		下统 S_1			黄花沟组	S_1h	板岩夹粉砂岩、细砂岩、细—粉砂岩与板岩互层

（四）新生界

1. 新近系

孙吴组为分布于呼玛县等地的一套河湖相粗碎屑沉积。主要由灰色、黄褐色、灰黄色弱胶结砂砾岩、砂岩组成，夹灰绿色、灰色泥岩（黏土岩），局部砂砾岩为铁质胶结或含铁质结核，含铁量高时构成孙吴式铁矿。

西山玄武岩主要由灰色、钢灰色、黑灰色气孔状及致密块状白榴石玄武岩等组成，以低硅富钾为特征。

2. 第四系

第四系主要为河流、湖泊、沼泽、风积、冰缘堆积物，较大的河流可见有一级和二级阶地，河床和河漫滩堆积物较为普遍。

二、岩浆岩

大兴安岭地区岩浆活动频繁，具有多期次、多旋回特点。岩浆侵入时代主要有中—新元古代、加里东期、海西期、印支期、燕山期和喜马拉雅期（表 2-5，图 2-6）。

表 2-5　大兴安岭地区岩浆岩谱系表

时代	岩石类型	代号	产出形态	围岩时代及岩性
中生代	正长花岗岩	$\xi\gamma K_1$、$\xi\gamma J_1$、$\xi\gamma J_3$、$\xi\gamma T_3$	岩基	早中侏罗世砂岩、泥质岩，早白垩世中酸性火山岩、花岗闪长岩
	花岗闪长岩	$\gamma\delta K_1$、$\gamma\delta J_1$	岩株	早中侏罗世砂岩，早白垩世—晚侏罗世中酸性火山岩、二长花岗岩，震旦纪中浅变质岩
	二长花岗岩	$\eta\gamma K$、$\eta\gamma J_1$、$\eta\gamma J_3$、$\eta\gamma T_3$	岩基	中侏罗世砂砾岩、早白垩世中酸性火山岩
晚古生代	正长花岗岩	$\xi\gamma P_1$	岩基	早中寒武世—早中奥陶世二长花岗岩、早白垩世中酸性火山岩
	二长花岗岩	$\eta\gamma P_1$、$\eta\gamma P_2$、$\eta\gamma P_3$	岩基	早中侏罗世砂砾岩，早中寒武世—早中奥陶世二长花岗岩、正长花岗岩
早古生代	正长花岗岩	$\xi\gamma O_{1\text{-}2}$	岩基	早白垩世中酸性火山岩、早中侏罗世砂砾岩
	二长花岗岩	$\eta\gamma O_3$、$\eta\gamma O_{1\text{-}2}$、$\eta\gamma\in_3$	岩基	早白垩世中酸性火山岩、新元古代中深变质岩、古生代浅变质岩
	花岗闪长岩	$\gamma\delta O_{1\text{-}2}$ $\gamma\delta\in_{1\text{-}2}$	岩株	早白垩世中酸性火山岩，早中侏罗世砂砾岩、砂岩，新元古代中深变质岩
	辉长岩	$\nu O_{1\text{-}2}$	岩脉	新元古代中深变质岩

续表 2-5

时代	岩石类型	代号	产出形态	围岩时代及岩性
新元古代	花岗质片麻岩	$gnPt_3$	岩基	新元古代中深变质岩、早白垩世中酸性火山岩
	正长花岗岩	$\xi\gamma Pt_3$	岩株	早中侏罗世砂砾岩、新元古代中深变质岩
	二长花岗岩	$\eta\gamma Pt_3$	岩基	新元古代中深变质岩、早白垩世中酸性火山岩
	中基性杂岩	$\nu-\delta Pt_3$	岩株	新元古代中深变质岩

(一)中—新元古代岩浆事件

该期岩浆岩主要分布在大兴安岭西北部奇乾—五卡、北部满归—漠河和东部,主要包括碱长花岗岩、二长花岗岩、正长花岗岩、双峰式火成岩。该期构造岩浆事件是罗迪尼亚(Rodinia)超大陆汇聚造山和快速裂解的记录。受区域变质作用影响,该期多发生变质作用。

(二)早古生代岩浆事件

该期岩浆岩主要分布在大兴安岭北段塔河—韩家园和塔源—劲松一带,主要包括花岗闪长岩、二长花岗岩、碱长花岗岩等。大兴安岭地区早古生代岩浆事件主要形成于额尔古纳和大兴安岭弧盆系碰撞拼合的造山作用过程。该期岩浆岩风化相对较为强烈,多呈花岗岩风化砂,特别是粒度较大者,风化厚度大,风化产物以石英和长石为主。

(三)晚古生代岩浆事件

该期岩浆岩主要分布在大兴安岭新林地区、漠河富源沟地区、兴隆地区和额尔古纳地区,零星出露,并且面积较小,主要包括二长花岗岩、花岗闪长岩、正长花岗岩、辉长岩和晚泥盆世双峰式火成岩组合。该期岩浆事件主要形成于后碰撞伸展环境和活动大陆边缘环境的弧后区,与额尔古纳-大兴安岭弧盆系与松嫩地块碰撞拼合有关,形成于古亚洲洋的闭合构造岩浆热事件。

(四)中生代岩浆事件

该期侵入岩和火山岩在大兴安岭地区自北东向南西广泛出露,早三叠世早期—早白垩世晚期均有发育。侵入岩以花岗质岩石为主,伴随少量中基性侵入岩,火山岩包括中侏罗世—早白垩世中基性火山岩、中酸性火山岩和火山碎屑岩。该期岩浆岩主要形成于蒙古-鄂霍茨克大洋板块俯冲于额尔古纳地块下的活动大陆边缘环境和碰撞后拼合过程中,其中早白垩世晚期与区域伸展活动有关的系列岩浆事件可能对应于古太平洋板块俯冲于欧亚大陆之下的弧后伸展环境,也可能与蒙古-鄂霍茨克洋闭合后加厚陆壳拆沉有关。中生代岩浆岩风化较弱,岩石多较为坚硬。

三、变质岩

大兴安岭地区位于天山-兴蒙变质大区,额尔古纳-大兴安岭变质区,由额尔古纳变质带和兴隆-呼玛变质带组成。

(1)额尔古纳变质带。该变质带与大兴安岭弧盆系变质带变质特征基本相同,归入一个变质区。主要分布于漠河市、十八站等地区,由中—新元古代变质单元和早石炭世变质单元构成。中—新元古代变质单元由兴华渡口岩群和风水山片麻杂岩组成,而早石炭世变质单元则由红水泉组组成。变质带主要由古元古代变质单元构成,早石炭世变质单元出露较少。中—新元古代变质单元兴华渡口岩群变质岩石构造组合为斜长角闪岩－黑云斜长片麻岩－镁质大理岩构造组合,在漠河门都里河地区见相当于孔兹岩系的石墨片岩、含矽线石片岩岩性组合;早石炭世红水泉组为极浅变质岩,未划分变质岩石构造组合。

(2)兴隆-呼玛变质带。主要由中－新元古代和早寒武世—早石炭世变质单元构成,主要分布在呼玛县南部和西北部,中－新元古代变质单元由兴华渡口岩群组成,而早寒武世—早石炭世变质单元则由兴隆群(高力沟组、洪胜沟组、三义沟组和焦不勒石河组)、伊勒呼里山群(库纳森河组、黄斑脊山组、大伊希康河组)、大乌苏杂岩、泥鳅河组和红水泉组等组成。

中—新元古代变质单元的兴华渡口岩群的变质岩石构造组合为斜长角闪岩-黑云斜长片麻岩(变粒岩)-镁质大理岩构造组合;早寒武世兴隆群、伊勒呼里山群及早石炭世红水泉组为极浅变质岩,未划分变质岩石构造组合;早奥陶世—早志留世变质单元大乌苏杂岩的变质岩石构造组合为变质玄武岩-板岩-变质砂岩构造组合及变质砂岩-结晶灰岩夹变质凝灰岩构造组合。

四、大地构造演化

大兴安岭地区经历了中元古代—早寒武世构造演化阶段、古生代构造演化阶段、中生代构造演化阶段和新生代差异升降演化阶段(图 2-6)。

(一)中元古代—早寒武世构造演化阶段

该期主要为兴华渡口岩群的形成发展阶段。额尔古纳地区的兴华渡口岩群在古莲—兴华—韩家园一带最为发育,由斜长角闪岩-变粒岩-片岩-石英岩-大理岩、变质表壳岩-片麻岩组合构成。大兴安岭地区出露的兴华渡口岩群零星见于落马湖、新开岭地区,构成了奥陶纪弧盆系的基底残片,主要由片岩-变粒岩-片麻岩、变质表壳岩-碳酸盐岩组合构成,总体建造特征与额尔古纳地区出露的兴华渡口岩群相近。早期发育中基性火山岩,火山活动的间歇期形成泥质岩-杂砂岩组合,向上发育镁质碳酸盐岩,表明处于干旱炎热的浅滨海相火山-沉积环境。基性火山岩类或碳酸盐岩类多产于洋中脊与洋底环境,长英质变粒岩及片岩、片麻岩类产于火山弧环境,即形成于岛弧-弧后盆地或活动大陆边缘环境。位于额尔古纳地块与大兴安岭弧盆系接触部位的新林-喜桂图旗结合带,发育由一组北东-南西走向的叠瓦状逆冲断层组成的推覆构造,岩块主要有新元古代镁铁质－超镁铁质、大理岩-变玄武岩;基质主要由片理化变粉砂岩、片理化变粉砂质板岩、糜棱岩化变粉砂岩、石英片岩、片理化变英安岩、片理化变流纹质晶屑凝灰岩、变英安质岩屑晶屑凝灰岩、强片理化英安质凝灰岩等组成。推覆构造带形成于早前寒武纪,指示由南东东向北西西推覆。

(二)古生代构造演化阶段

晚寒武世—早奥陶世:为活动大陆边缘弧强烈活动时期。晚寒武世—早奥陶世初期,额尔古纳地块进入活动陆缘演化环境,双峰式侵入岩组合与 TTG 侵入岩组合相继就位。这一时期形成的侵入岩分布广、规模大,多呈岩基状产出。

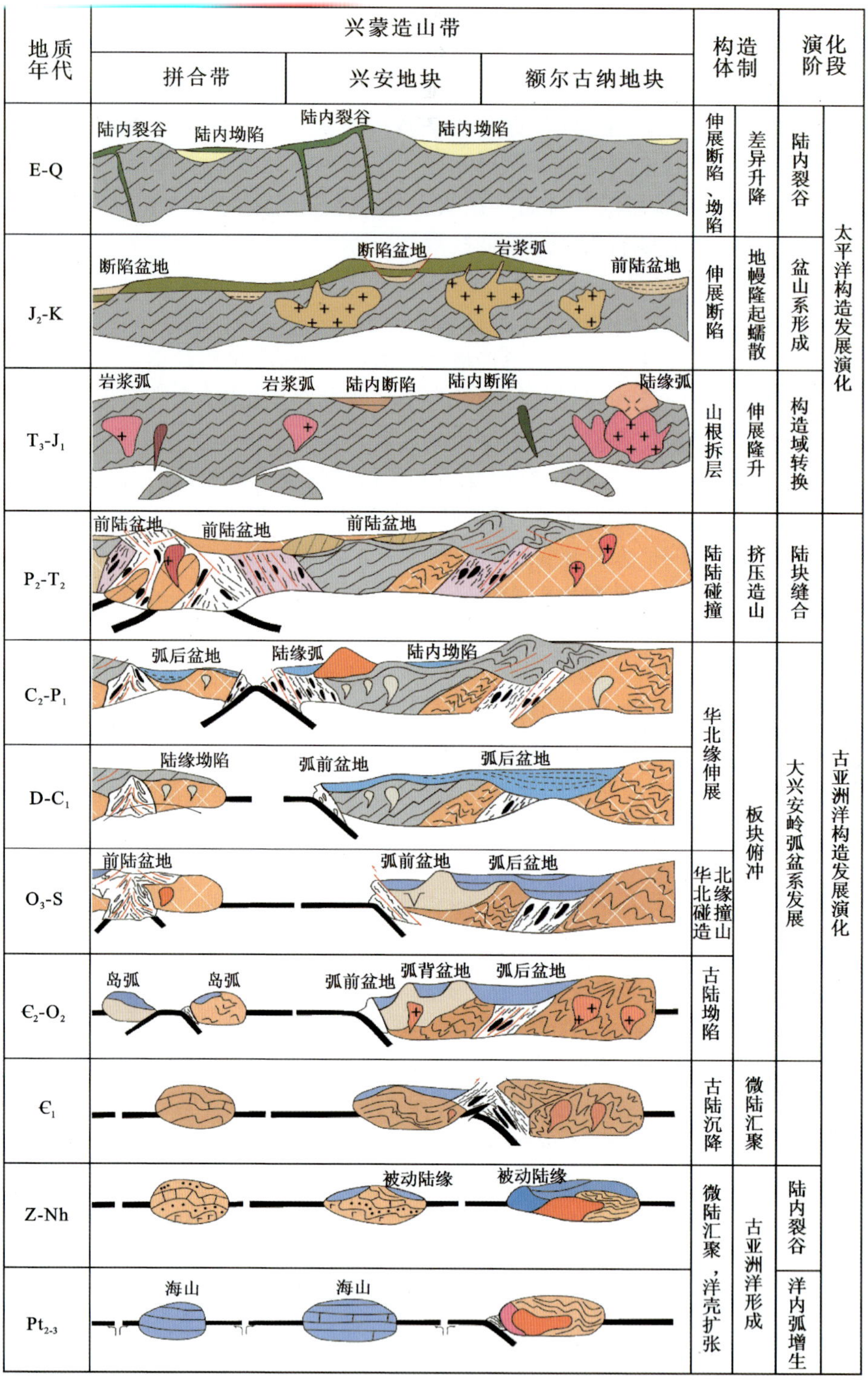

图 2-6　大兴安岭地区大地构造演化图(据付俊彧等,2018)

早奥陶世—早志留世:为火山弧和弧间盆地形成发展演化时期。额尔古纳地块中部白卡鲁山与地块东缘的环宇—新林一带,发生了强烈的裂陷沉降扩张形成弧后洋盆,早期为弧后盆地型潮坪或陆架斜坡相,沉积了大乌苏杂岩陆源碎屑浊积岩建造,晚期有大乌苏杂岩中基性—酸性火山岩组合构成的细碧岩、角斑岩建造,在海底强烈扩张期形成蛇绿岩侵位,具 SSZ 型蛇绿岩特征。在早志留世末期,额尔古纳地块与西邻的大兴安岭弧盆系沿环宇—新林一带发生弧-陆对接,早奥陶世—早志留世火山弧建造遭受强烈的构造挤压破碎形成了蛇绿混杂岩带。早奥陶世受洋陆俯冲作用大兴安岭弧盆系在呼玛地区形成了弧后盆地，火山活动微弱，主要为浅滨海相陆源碎屑浊积岩与大理岩夹层。志留纪—泥盆纪时期，在持续俯冲消减作用下，奥陶纪火山弧体分裂，罕达气地区形成了弧间裂谷盆地。早志留世强烈下陷为深海环境，形成黄花沟泥岩夹粉砂岩组合。中志留世海水变浅，构造活动加强，沉积岩碎屑颗粒有变粗的趋势。晚志留世处于动荡的浅滨海环境，形成了石英质砂岩-砂砾岩组合。晚志留世末—中泥盆世是裂谷盆地发展的高峰期，由多宝山、罕达气地区波及呼玛弧后盆地的五道沟地区，形成了砂泥岩、砾岩等浊积夹大理岩组合。早泥盆世是裂陷构造发育最强烈时期，在罕达气地区形成了细碧角斑岩建造。至泥盆纪末，弧体封闭，弧间盆地的堆积与发展演化结束。

早石炭世—晚石炭世：为盖层沉积时期。早志留世之后，额尔古纳地块周缘形成的地质体向地块增生固结形成了一个统一整体，额尔古纳地区重新进入了地块发展演化时期。早石炭世初期在翠岗一带形成了陆表海，沉积了红水泉组浅海相砂岩、泥岩组合。晚石炭世在塔源附近形成了局部坳陷，沉积了塔源坳陷盆地型粉砂岩、泥岩组合。

早石炭世—晚石炭世：为岩浆弧形成演化时期。塔溪岩浆弧位于大兴安岭弧盆系与小兴安岭-张广才岭岩浆弧的结合部，沿黑河—嫩江一线呈北东向延伸，形成时期为早石炭世—晚石炭世。岩浆弧中部与北部的建造为早石炭世洪湖吐河组细凝灰岩粉砂岩泥岩与新生组糜棱岩化安山岩-英安岩-流纹岩-蓝闪片岩。岩浆弧中南部见早石炭世—晚石炭世火山弧型科洛杂岩，主要由变粒岩-糜棱片岩-斜长角闪岩-角闪片麻岩组合构成，呈北东向带状展布。这套火山弧建造是大兴安岭弧盆系与小兴安岭-张广才岭岩浆弧相向拼合阶段形成的一套俯冲增生杂岩。

晚石炭世—早三叠世：为陆相环境沉积时期。多为内陆湖相环境，发育湖相林西组细碎屑岩和滨湖相老龙头组砂砾岩-粉砂岩-泥岩建造。发育花岗质侵入岩石组合。

上述大规模花岗岩质岩浆的侵入活动，使前期地质体固结成统一整体，本区自此进入了较为稳定的陆内发展演化环境。

（三）中生代构造演化阶段

中生代大兴安岭地区处于滨古太平洋板块构造域陆缘强烈活动时期，在古太平洋对欧亚大陆持续俯冲以及蒙古-鄂霍次克洋关闭的联合作用下，晚三叠世—早白垩世本区进入了强烈的构造活动期。表现为早期陆缘弧型侵入岩的大面积出露，中期（中侏罗世）前陆盆地堆积，晚期（早白垩世）火山沉积-断陷盆地活动期形成北东向火山岩带。经过强烈的构造运动，形成了著名的北东向大兴安岭主脊火山岩带。晚白垩世后本区为构造隆升环境，处于稳定的隆升构造环境，形成大兴安岭山系，仅局部低洼处发育坳陷型盆地沉积。

晚三叠世—早侏罗世：为陆缘弧强烈活动时期。晚三叠世本区进入了滨太平洋活动陆缘强烈活动时期，发育了本区最广泛的一次岩浆侵入活动，形成的岩体规模大、分布面积广，多呈岩基产出。

中侏罗世：为盆地形成时期。额尔古纳地块受蒙古-鄂霍次克洋封闭产生的由北向南的强烈挤压推覆作用，使额尔古纳地块北缘处于前陆构造环境，形成了近东西向展布的漠河周缘前陆盆地。在强烈的构造推覆作用影响下，由北向南依次形成了数个推覆构造带与韧性剪切带，使盆地内的岩石遭受了不同程度的构造变形，原始层序也受到不同程度的改造。中侏罗世大兴安岭弧盆系构造作用趋缓，进入后碰撞环境，总体处于较稳定的构造隆升状态，仅在法别拉河上游形成了局部坳陷，形成了坳陷盆地型七林河河湖相泥岩、粉砂岩、细砂岩夹煤组合。

晚侏罗世—早白垩世：为陆缘岩浆弧发展时期。构造活动主要表现为强烈的火山喷发活动，形成了一系列北东走向的大小不等的火山-沉积断陷盆地构造。在火山-沉积-断陷盆地形成的同时或稍后，大量的后碰撞环境中酸性脉岩产出，分布面积广，但规模小，均呈小岩株或脉状产出，属后碰撞侵入岩组合。

（四）新生代构造演化阶段

大兴安岭地区新生代总体处于隆升构造环境，仅在中—上新世形成了局部坳陷，形成了金山、源茂、木耳气(N)孙吴河湖相砂砾岩组合。第四纪以来，本区主要体现为差异性升降活动，以河谷与山间洼地的支沟坡残积与河流细谷型碎屑物的堆积为主。

五、地球物理特征

（一）区域重力特征

笔者从中国地质调查局网站下载大兴安岭地区 2′卫星重力数据，制作了大兴安岭地区 2′布格重力异常图。从图上可以看出，区域上重力值总体上均由东向西递减，布格重力异常变化大，低者不足 $-90\times10^{-5}m/s^2$，高者约为 $-4\times10^{-5}m/s^2$，变化幅度达 $86\times10^{-5}m/s^2$。基本特点反映了东部大兴安岭构造域具有地壳拉伸减薄之特点，或具有一个普遍的玄武质岩石建造的基底。大量北东向的带状重力高或重力低的异常，是北西向被挤压而北东向伸展多个构造层的体现。

（二）航磁异常特征

大兴安岭强磁场(1000nT 左右)沿大兴安岭褶皱带呈北东向条带状展布，是中生代中基性火山岩的体现。得尔布干断裂带分布北北东向的中等强度(500nT 左右)磁异常带，东到塔河，南到伊勒呼里山一带的黑龙江境内，断续出现 10～500km 规模的强磁异常区(1000nT 左右)。鄂伦春旗以西，为中弱(300nT 左右)磁异常，反映了得尔布干断裂带与鄂伦春晚古生代中期增生带相交地带，岩浆活动比较剧烈。磁异常特征表明，大兴安岭北部中生代火山岩从南西到北东发育是不均匀的，黑龙江境内的呼中—碧水一带火山岩厚度最大，形成了本区最高的正磁异常区；西南部以低缓的负磁场为背景，叠加串珠状高磁异常，表明海拉尔地区古生代海相沉积岩出露较多，中生代火山岩盆地较浅。

六、地球化学特征

利用收集的大兴安岭地区 1∶20 万水系沉积物测量数据，在此基础上结合研究区所处地质环境，对各元素进行地球化学特征参数统计和聚类分析。

（一）元素地球化学参数特征

对大兴安岭地区 39 种元素(氧化物)地球化学参数特征进行统计(表 2-6)，Ni、Au、Cr、As、B、Ag、Cu、Hg 的变异系数均大于 0.5，其中 Ag、Au、B、Hg 的平均值均高于地壳克拉克值，表明这几种元素在该区的分布不均匀，离散程度大，分异性强，易于活动迁移。Co、MgO、CaO、Mn、P、Ti、W、Sr、Zn、Cd、V、TFe_2O_3、Sb、Bi、Mo、Na_2O、U、Zr、Li、Sn、Th、Nb、La、F、Y、Be、K_2O、Pb、Ba、Al_2O_3、SiO_2 的变异系数均小于 0.5，表明这些元素(氧化物)在该区的分布较均匀，离散程度低，分异性弱。

表 2-6 大兴安岭地区元素地球化学参数统计

元素(氧化物)	Ag	As	Au	B	Ba	Be	Bi	Cd
样品数	16 900	16 651	16 940	17 141	17 108	17 286	16 957	16 703
平均值/10^{-6}	97.19×10^{-3}	7.59	1.35×10^{-3}	15.73	676.06	2.45	0.23	79.73
中位数/10^{-6}	84.00×10^{-3}	6.67	1.10×10^{-3}	14.00	664.00	2.40	0.22	71.80
标准离差/10^{-6}	52.07×10^{-3}	4.42	0.87×10^{-3}	8.49	135.36	0.59	0.10	35.20
变异系数	0.54	0.58	0.65	0.54	0.20	0.24	0.42	0.44
最大值/10^{-6}	263.00×10^{-3}	22.20	4.10×10^{-3}	41.50	1 091.00	4.23	0.52	194.00
最小值/10^{-6}	20.00×10^{-3}	0.40	0.20×10^{-3}	0.50	263.00	0.70	0.03	11.00
克拉克值/10^{-6}	55×10^{-3}	3.9	0.90×10^{-3}	12	480	1.5	0.15	0.094
元素(氧化物)	Co	Cr	Cu	F	Hg	La	Li	Mn
样品数	17 226	17 467	17 182	17 316	17 186	17 431	17 541	16 808
平均值/10^{-6}	10.36	36.09	13.47	460.75	28.77×10^{-3}	38.33	28.40	674.59
中位数/10^{-6}	9.90	35.90	12.70	461.00	28.00×10^{-3}	38.60	29.00	633.00
标准离差/10^{-6}	5.13	21.20	7.21	127.06	14.73×10^{-3}	11.99	9.80	322.95
变异系数	0.50	0.59	0.54	0.28	0.51	0.31	0.35	0.48
最大值/10^{-6}	25.90	99.70	35.30	842.00	73.00×10^{-3}	74.30	57.80	1 697.00
最小值/10^{-6}	0.10	0.10	0.50	127.00	4.00×10^{-3}	2.60	1.70	22.00
克拉克值/10^{-6}	18	68	20	460	6.8×10^{-3}	26	23	980
元素(氧化物)	Mo	Nb	Ni	P	Pb	Sb	Sn	Sr
样品数	16 763	17 495	17 382	16 994	16 935	16 819	17 235	17 262
平均值/10^{-6}	1.30	12.38	12.06	726.12	23.15	0.37	2.41	282.45
中位数/10^{-6}	1.22	12.40	11.20	670.00	22.60	0.35	2.30	257.00
标准离差/10^{-6}	0.53	4.05	7.90	336.84	5.44	0.16	0.82	130.13
变异系数	0.41	0.33	0.66	0.46	0.23	0.43	0.34	0.46
最大值/10^{-6}	3.01	24.50	35.80	1 754.00	40.10	0.87	4.90	676.00
最小值/10^{-6}	0.07	1.00	0.10	55.00	7.10	0.05	0.30	29.30
克拉克值/10^{-6}	0.45	8.5	20	790	15	0.2	1.4	345
元素(氧化物)	Th	Ti	U	V	W	Y	Zn	Zr
样品数	17 445	17 614	16 828	17 339	17 194	17 463	17 474	17 451
平均值/10^{-6}	8.86	3 730.73	3.03	64.22	1.49	20.17	65.51	203.97
中位数/10^{-6}	8.90	3 855.80	2.93	62.90	1.42	20.30	66.20	208.10
标准离差/10^{-6}	2.94	1 726.99	1.14	28.29	0.69	5.14	29.90	70.72

续表 2-6

元素(氧化物)	Th	Ti	U	V	W	Y	Zn	Zr
变异系数	0.33	0.46	0.38	0.44	0.46	0.25	0.46	0.35
最大值/10^{-6}	17.69	8 905.10	6.50	149.20	3.57	35.60	155.20	416.50
最小值/10^{-6}	0.20	221.00	0.40	1.70	0.04	4.80	1.00	12.00
克拉克值/10^{-6}	6.2	4700	1.3	120	0.45	19	83	172
元素(氧化物)	Al_2O_3	CaO	Fe_2O_3	K_2O	MgO	Na_2O	SiO_2	
样品数	17 567	16 978	17 499	17 623	17 305	17 719	17 666	
平均值/10^{-6}	14.91	1.24	4.14	2.92	1.06	2.56	62.95	
中位数/10^{-6}	15.10	1.13	4.15	2.85	1.09	2.37	62.86	
标准离差/10^{-6}	1.70	0.60	1.82	0.69	0.52	1.01	6.80	
变异系数	0.11	0.49	0.44	0.24	0.49	0.40	0.11	
最大值/10^{-6}	20.00	3.09	9.58	4.98	2.62	5.59	83.32	
最小值/10^{-6}	9.81	0.05	0.10	0.90	0.03	0.18	42.70	
克拉克值/10^{-6}	15.91	5.3	2	2.21	2.97	3.53	60.18	

注:克拉克值源自《应用地球化学元素丰度数据手册》,迟清华著。

(二)元素离散特征

各元素原始数据的变异系数(CV_1)和剔除离散值后数据变异系数(CV_2)分别反映两类数据集的离散程度,用 CV_1/CV_2 反映背景拟合处理时离散值的剔除程度(表 2-7)。一般情况下,浓度值越大,富集成矿可能性越大。因此,从表 2-8 中可以看出元素(氧化物)离散特征如下:①含量变化幅度大的元素主要为 Au、Pb、As、Ag、Mo、Cd、Bi、Hg、Mn、Sb、Sn、W、U、Li 等;②含量变化幅度中等的元素主要为 Be、Ni、CaO、Ba、P、Cu、Co、MgO、Cr、Zn、B、Zr、Y、Nb、Th 等;③含量变化幅度较小的元素主要为 F、La、V、Sr、TFe_2O_3、K_2O、Al_2O_3、Ti、SiO_2、Na_2O 等。

表 2-7 剔除前后变异系数统计

元素(氧化物)	CV_1	CV_2	CV_1/CV_2	元素(氧化物)	CV_1	CV_2	CV_1/CV_2
Ag	2.04	0.54	3.81	Mo	1.44	0.41	3.52
Al_2O_3	0.12	0.11	1.06	Na_2O	0.40	0.40	1.01
As	2.40	0.58	4.13	Nb	0.40	0.33	1.21
Au	4.46	0.65	6.87	Ni	0.94	0.66	1.44
B	0.68	0.54	1.27	P	0.66	0.46	1.42
Ba	0.29	0.20	1.42	Pb	0.98	0.23	4.17
Be	0.35	0.24	1.45	Sb	0.92	0.43	2.13
Bi	1.36	0.42	3.26	SiO_2	0.11	0.11	1.03

续表 2-7

元素(氧化物)	CV_1	CV_2	CV_1/CV_2	元素(氧化物)	CV_1	CV_2	CV_1/CV_2
CaO	0.69	0.49	1.43	Sn	0.72	0.34	2.11
Cd	1.51	0.44	3.43	Sr	0.53	0.46	1.16
Co	0.67	0.50	1.36	TFe_2O_3	0.50	0.44	1.15
Cr	0.78	0.59	1.33	Th	0.40	0.33	1.21
Cu	0.74	0.54	1.39	Ti	0.48	0.46	1.04
F	0.33	0.28	1.19	U	0.69	0.38	1.85
Hg	1.32	0.51	2.57	V	0.52	0.44	1.18
K_2O	0.26	0.24	1.09	W	0.91	0.46	1.96
La	0.37	0.31	1.19	Y	0.31	0.25	1.21
Li	0.57	0.35	1.65	Zn	0.58	0.46	1.28
MgO	0.67	0.49	1.36	Zr	0.43	0.35	1.23
Mn	1.20	0.48	2.50				

(三)元素含量频率分布特征

39 种元素(氧化物)原始数据的频率分布总体均呈近似对数正态分布,具体如下:

呈正偏分布的元素有 Ag、Au、Cd、K_2O、SiO_2、Y。

呈近正态分布的元素有 Bi、Hg、Mo、Nb、P、Sb、Sn、Sr、U。

呈正拖尾的元素有 Ag、Cd。

呈近负偏分布的元素有 Al_2O_3、As、B、Ba、Be、CaO、Co、Cr、Cu、F、TFe_2O_3、La、Li、MgO、Mn、Na_2O、Ni、Pb、Th、Ti、V、W、Zn、Zr。

呈负拖尾的元素有 As、B、CaO、Cu、TFe_2O_3、La、Li、MgO、Mn、Ti、Zn、Zr。

一般情况下,正偏代表元素分布的高值点较多,正拖尾代表元素的高值区间分布广。因此,正偏和正拖尾存在,说明其成矿地球化学条件有利,而负偏和负拖尾一般从元素含量分布的角度来看,相对成矿地球化学条件不利。

综上所述,大兴安岭地区内 Ag、Au、Cd、K_2O、SiO_2、Y 等元素成矿化学条件有利,找矿前景较大;As、B、CaO、Cu、TFe_2O_3、La、Li、MgO、Mn、Ti、Zn、Zr 等元素相对成矿条件不利,找矿前景小。

(四)元素组合特征

通过 R 型聚类分析,对各元素进行统计,并结合元素地球化学图,将各元素进行分类,确定区内元素组合。参考聚类分析谱系图,可将大兴安岭地区元素分为 4 个元素组合:第一个元素组合为 Ti、TFe_2O_3、V、Co、P、Cr、Ni、MgO、Cu、F、Zn;第二个元素组合为 La、Nb、Y、Zr、Th;第三个元素组合为 Sr、CaO;第四个元素组合为 K_2O、SiO_2、Na_2O。

第一个元素组合中,Ti 和 TFe_2O_3的相关性最好,相关系数为 0.850;其次是 TFe_2O_3和 V,相关系数为 0.817。这一元素组合中主要为铁族元素,可能与区内的超基性岩块密切相关。

第二个元素组合中,Nb 和 Y 的相关性最好,相关系数为 0.711;其次是 Nb 和 Zr,相关系数为 0.675。这一元素组合以稀有、稀土元素为主。

第三个元素组合中，Sr 和 CaO 的相关性最好，相关系数为 0.574。

第四个元素组合中，K_2O 和 SiO_2 的相关性最好，相关系数为 0.535。这一元素组合主要为氧化物，是评价土壤肥力的重要指标。

七、地质要素对林草湿分布格局的影响

区域大地构造演化历史决定了现今地形地貌格局。大兴安岭地区前中生代经历了变质结晶基底形成阶段、弧陆演化阶段、浅海—陆棚沉积阶段。中生代以来受古太平洋对欧亚大陆持续俯冲及蒙古-鄂霍次克洋关闭的叠加影响，晚三叠世—早白垩世进入了强烈的构造岩浆活动期，形成了举世瞩目的大兴安岭北北东向火山-岩浆岩带；晚白垩世—第四纪进入陆内盆地形成时期，总体处于隆升构造环境，仅在中—上新世形成了局部坳陷；第四纪以来，主要表现为差异性升降。不同的大地构造环境，形成的岩石类型、岩石组合、风化程度和变质程度等存在较大差异。在特定的大地构造背景之下，大兴安岭地区形成了独特的低山-丘陵地貌景观。

元古代：碎屑岩、碳酸盐岩组合和中酸性侵入岩共同构成了额尔古纳地块变质结晶基底。该期岩石组合在漫长的地质改造过程中变质变形严重，同时岩石风化强烈，地势较为平坦，风化壳厚度大、养分元素含量较高，其中以中深变质岩形成的斜长角闪岩、片麻岩等形成的土壤养分含量最高，变质砂岩、板岩等的土壤营养元素含量较低，地表植被茂盛，以针阔混交林-针叶林为主。

早古生代：主要发育碎屑岩、碳酸盐岩、火山岩和酸性侵入岩，岩石均发生浅变质作用，受构造影响多发生变形作用。该期岩石主要分布在大兴安岭弧盆系东侧（呼玛县内），岩石具中等风化，地势较为平坦，风化壳厚度较大，养分元素丰富，地表植被茂盛，多发育针阔混交林-阔叶林，林、灌、草生态系统较为完整。

晚古生代：主要发育碎屑岩、碳酸盐岩组合，少量酸性侵入岩。该期岩石出露面积整体较少，主要分布在大兴安岭地区中部和东部，较为分散。岩石发生轻微变质作用，具中等风化，风化壳厚度中等，地表植被茂盛，以针阔混交林-针叶林为主。

中生代：主要发育陆源碎屑岩、中基性—酸性火山岩和中酸性侵入岩。陆源碎屑岩，主要分布在漠河前陆盆地，受胶结物和压实时间影响，岩石风化中等偏强，地表地势平坦，风化壳厚度较大，地表植被茂盛，多发育针阔混交林-阔叶林，林、灌、草生态系统较为完整；中基性—酸性火山岩和中酸性侵入岩，主要分布在大兴安岭西部和中部，分布面积较大，岩石风化弱，地势较为陡峭，风化壳厚度较小，局部山地为碎石滩，地表以针叶林为主，山坡处为针阔混交林，灌木和草本植物较为发育。

新生代：主要发育河谷与山间洼地的支沟坡残积与河流细谷型碎屑物的堆积，堆积物厚度较大，地势低洼，以河流漫滩、河流阶地和冲积平原为主，地表含水量较大，主要为沼泽湿地生态系统，少量为森林沼泽湿地，植被以灌木和草本为主。

在基础地质因素影响之下，受新生代以来气候和冻土的共同影响，大兴安岭地区海拔较高的主脊地区主要有以兴安落叶松为主的针叶林，随海拔降低和山体变平缓的影响，向东南逐步过渡为针阔混交林，到黑龙江沿岸则逐渐过渡为阔叶林。而在河谷低洼地带，则主要发育沼泽湿地生态景观。

第四节　成土母质与土壤特征

岩石经风化作用而破碎，理化性质改变，形成结构松散的风化物，这些风化物逐步发育形成成土母质。在气候和生物的长期作用下，成土母质逐渐演变形成可以生长植物的土壤。成土母质对土壤的物理性状以及化学组成具有非常重要的影响，如土壤的质地、土壤中化学元素和养分、pH 等。虽然成土

母质对土壤的影响在土壤形成的初期阶段最为显著，随着成土过程的进行，母质与土壤间性质的差别也会越来越大，但作为成土母质的产物，土壤中总会保存母质的一些特征。研究成土母质与土壤的特征，能够很好地建立起地下基岩层与地上表生层的联系，是构建生态地质体系不可缺少的调查内容。

一、成土母质特征

成土母质作为风化壳的表层，是基岩经过风化、搬运、堆积等过程后于地表形成的一层疏松、最年轻的矿物质层，其特征对原生基岩具有很强的继承性，是土壤形成的物质基础和植物矿物养分元素(除氮外)的最初来源。成土母质按堆积方式可分为残积和运积，根据沉积学类型可进一步细分为残积、坡积、洪积、冲积、海积、冰积、风积等，其中大兴安岭地区成土母质类型主要为残积和坡积，洪积主要分布在区内主要的河流和湖泊中。以岩石大类进行划分，岩石可分为沉积岩类、岩浆岩类、变质岩类，其中岩浆岩类又可进一步细化为喷发岩类和侵入岩类。综合考虑地质时代、岩石组成、岩石风化程度、风化物特征等因素，以时代加岩性的方式对大兴安岭地区成土母质进行了划分。在划分过程中遵循以下原则：①成土母质单元要以出露一定面积的岩石地层单元(或岩性单元)为基础，将其他脉岩及出露面积较小且无特殊用地单元进行合并，不单独表示；②要以主体岩性为基本单元，反映主要岩性空间分布特点，对较薄的夹层、脉岩等不予以考虑；③强调地质体的岩性空间分布和可能的风化产物的物理性质，人类的可开发利用程度，不强调地质体时代；④综合考虑不同岩石类型风化物的有益、有害和养分元素的含量及其对地表林草湿资源和生态系统的限制作用。具体划分方案如下。

(1)沉积岩类：区分陆源碎屑岩、碳酸盐岩和火山沉积岩等，相同或相似沉积类型的地质单元进行合并，不同沉积类型的地质单元要进行区分。地层单元中单一岩性或主要岩石类型明确的，选取主要岩性作为主要成土母质单元；岩石类型互层或有 2 种及以上的岩石类型组合的岩性单元，应进一步区分。其中陆源碎屑岩中要进一步对泥、砂、砾风化物进行区分。

(2)侵入岩-火山岩：按照基性岩、中性岩、酸性岩和风化程度进行划分，同时区分侵入岩和喷出岩，相同或相似岩性、风化程度相近的进行统一合并，火山岩中存在夹层的情况一般进行合并。

(3)变质岩：按照岩石变质程度进行划分，区分低级、中级和高级变质岩，同时要考虑原来的岩性和性质，风化物的类型和风化程度。

(4)第四纪沉积物：河流阶地和河床、河漫滩沉积物地质单元进行合并。

按照上述成土母质划分原则，大兴安岭地区成土母质可划分为新生代板内差异升降松散堆积风化物[包括第四纪陆相松散冲(洪)积风化物和新近纪松散砂砾冲积风化物 2 个分区]、中新生代火山断陷盆地火山熔岩-火山碎屑岩风化物[包括更新世基性熔岩类风化物、早白垩世基性喷出岩(熔岩-碎屑岩类)风化物、晚侏罗世—早白垩世中性喷出岩(熔岩-碎屑岩类)风化物和晚侏罗世—早白垩世酸性喷出岩(熔岩-碎屑岩类)风化物4 个分区]、中生代陆内盆地碎屑岩风化物(包括早白垩世砾岩-火山碎屑岩类风化物、晚侏罗世—早白垩世砾岩类风化物、晚侏罗世砂岩类风化物、中侏罗世砂岩-砾岩类风化物和早中侏罗世泥岩类风化物 5 个分区)、古生代浅变质岩风化物(包括古生代砂岩-板岩类风化物和古生代变碎屑岩类风化物 2 个分区)、中生代花岗岩类风化物(包括早白垩世花岗岩类风化物和晚三叠世—早侏罗世花岗岩类风化物2 个分区)、古生代侵入岩类风化物(包括晚石炭世—早二叠世花岗岩类风化物、志留纪基性侵入岩类风化物和早中奥陶世花岗岩类风化物 3 个分区)、新元古代花岗岩-火山岩类变质岩风化物(包括新元古代花岗岩类风化物和新元古代中高级变质岩类风化物 2 个分区)7 个大类，进一步划分为 20 个成土母质分区(图2-7，表 2-8)。

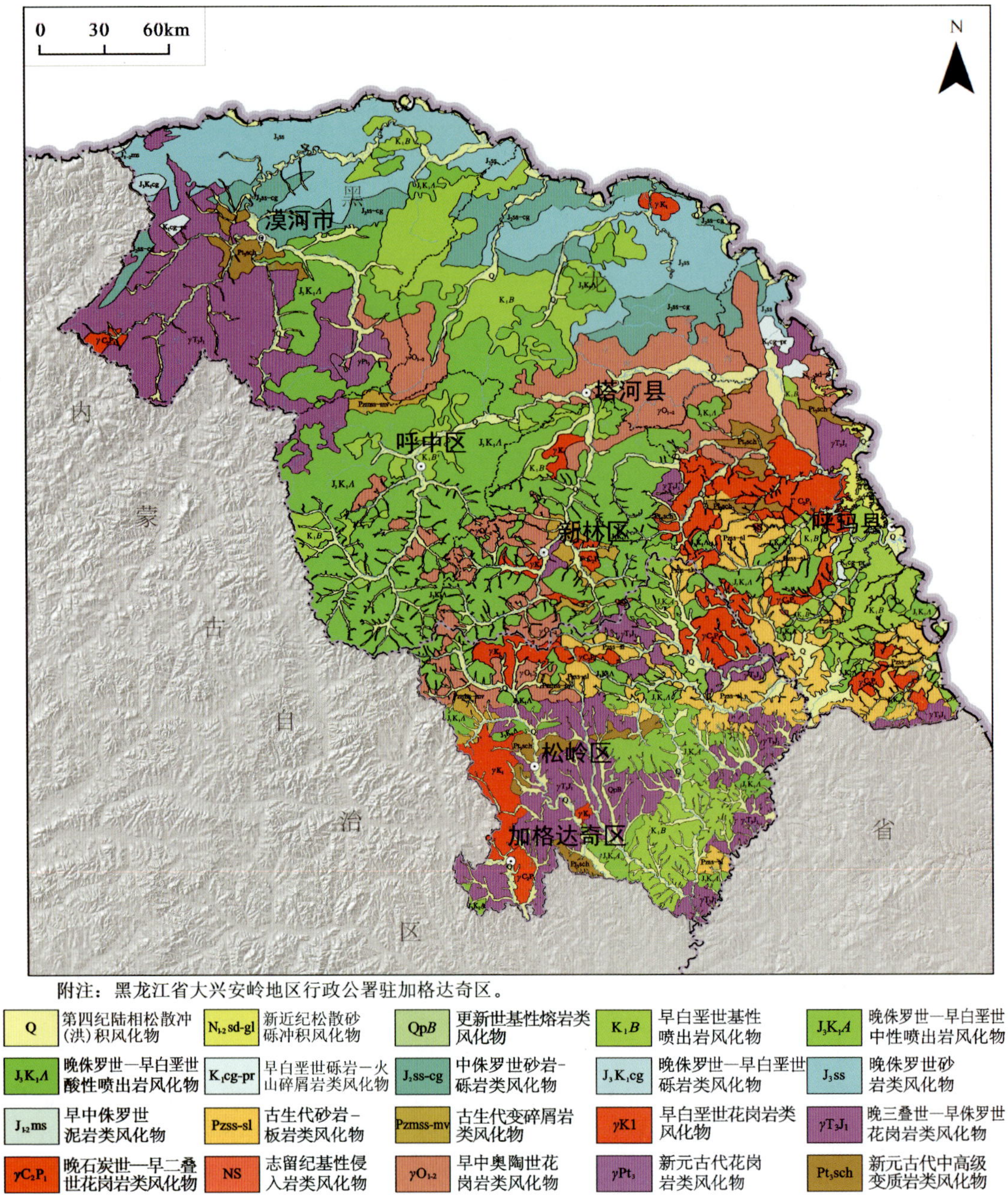

图 2-7　大兴安岭地区成土母质图

(一)成土母质区表层和深层土壤地球化学特征

对各成土母质分区的表层和深层土壤中营养元素和重金属元素的含量进行对比分析。

1. 表层土壤

大部分成土母质区的营养元素含量呈丰富状态，仅古生代砂岩-板岩类风化物分区中营养元素含量为中等偏上水平，晚侏罗世砂岩类风化物、中侏罗世砂岩-砾岩类风化物分区中的 P 元素和 S 元素含量为中等偏上水平。

各成土母质分区表层土壤中重金属元素含量未超过风险筛选值，仅古生代砂岩-板岩类风化物分区中 As 元素个别异常点超出风险筛选值，第四纪陆相松散冲(洪)积风化物区、晚侏罗世—早白垩世酸性熔岩-碎屑岩类风化物区、早白垩世花岗岩类风化物区、晚三叠世—早侏罗世花岗岩类风化物区、晚石炭世—早二叠世花岗岩类风化物区、早—中奥陶世花岗岩类风化物区、新元古代中高级变质岩类风化物区中个别异常点 Cd 元素超出风险筛选值。

晚侏罗世砂岩类风化物区、早—中奥陶世花岗岩类风化物区、新元古代中高级变质岩类风化物区中个别异常点 Cr 元素超标，第四纪陆相松散冲(洪)积风化物区、晚侏罗世—早白垩世酸性熔岩-碎屑岩类风化物区、早白垩世花岗岩类风化物区、晚三叠世—早侏罗世花岗岩类风化物区、早—中奥陶世花岗岩类风化物区、新元古代中高级变质岩类风化物区中个别异常点 Pb 元素超出风险筛选值，晚侏罗世砂岩类风化物区、晚三叠世—早侏罗世花岗岩类风化物区、中奥陶世花岗岩类风化物区、新元古代中高级变质岩类风化物区中个别异常点 Ni 元素超出风险筛选值。

表 2-8　大兴安岭地区主要成土母质分区特征

成土母质大类	成土母质分区	涉及地层	岩性归类	主要特征	典型剖面	主要土壤	分布区域
新生代板内差异升降松散堆积风化物	第四纪陆相松散冲(洪)积风化物	河漫滩、阶地堆积物、诺敏河组	黏土、亚黏土、砂、砾石	风化程度较强，灰黄色，主要为松散不同粒径砂、砾石，砾石较为浑圆，孔隙度较大，富集C、Mo、Mn、N、Ag、P、Zn	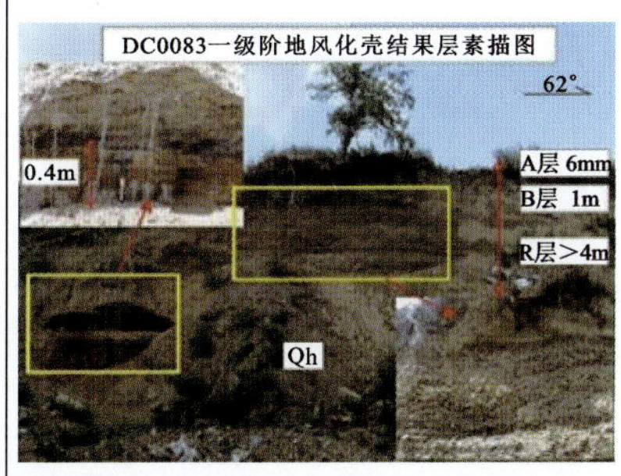	沼泽土、草甸土	河谷两侧
	新近纪松散砂砾冲积风化物	孙吴组	半胶结砂质砾岩、砾岩、细砂岩、半胶结细—粗粒砂岩、含砾砂岩	风化程度较强，多呈红褐色，厚度较薄	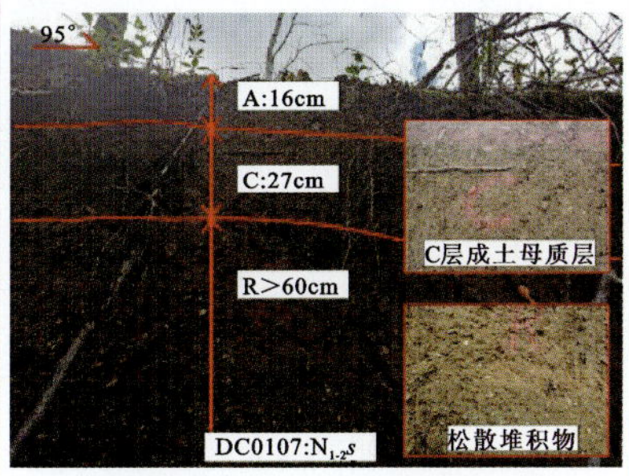	暗棕壤、棕色针叶林土	黑龙江沿岸金山乡、呼玛县一带
中新生代火山断陷盆地火山熔岩-火山碎屑岩风化物	更新世基性熔岩类风化物	大熊山玄武岩	气孔杏仁状玄武岩、致密块状玄武岩	基岩风化较弱，多呈棕黄色，主要由砂土及棱角状块状碎石组成，厚度较薄	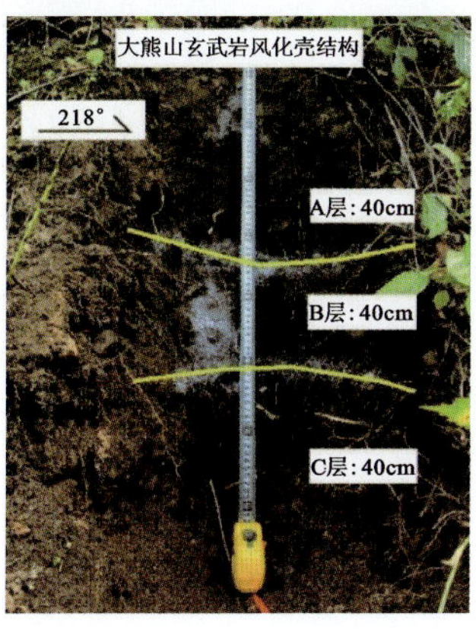	暗棕壤	松岭区东部古里河东小面积分布

续表 2-8

成土母质大类	成土母质分区	涉及地层	岩性归类	主要特征	典型剖面	主要土壤	分布区域
	早白垩世基性熔岩-碎屑岩类风化物	甘河组、瓦拉干组	气孔、杏仁橄榄玄武岩、玄武安山岩	基岩中等—弱风化，多呈灰黄色、灰褐色，主要由砂土及碎石组成，碎石多呈棱角状或次棱角块状，厚度中等，厚30～60cm，富集Sr、N、P、Ba、Na_2O、C	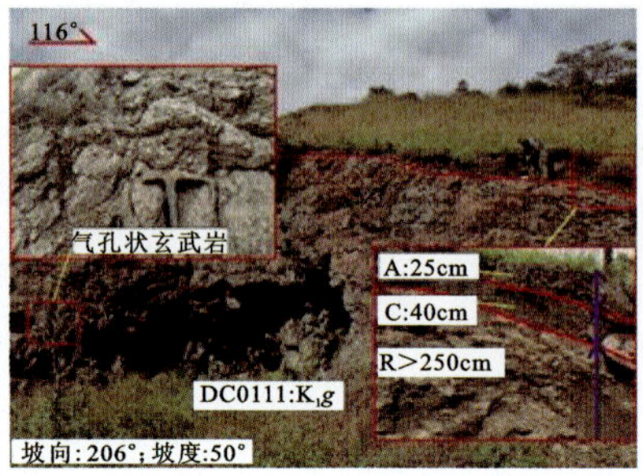	暗棕壤、棕色针叶林土	兴安镇—瓦拉干镇、呼中区沿呼玛河、呼玛县—北疆乡一带等
中新生代火山断陷盆地火山熔岩-火山碎屑岩风化物	晚侏罗世—早白垩世中性熔岩-碎屑岩类风化物	龙江组、玛尼吐组	渣状、气孔杏仁状块状玄武粗安岩、安山岩，安山质、粗安质，玄武粗安质火山碎屑岩	基岩中等—弱风化，多呈灰黄色，主要由砂土及碎石组成，或以石海、石河分布地表，碎石多呈棱角状或次棱角块状，厚度中等，厚30～60cm，富集N、Ag、Mn、P、Mo、S		暗棕壤、沼泽土	那都里河上游、大小古里河汇聚区域、松岭区北东
	晚侏罗世—早白垩世酸性熔岩-碎屑岩类风化物	光华组、孤山镇组、白音高老组、满克头鄂博组	流纹岩、英安岩、流纹质、英安质火山碎屑岩	基岩中等—弱风化，多呈棕黄色，主要由棱角状块状碎石组成，含少量砂土，厚度中等，厚40～60cm，富集N、Sr、Mo、Na_2O		棕色针叶林土，少量暗棕壤	呼中区—新林区大部地区、图强镇—盘古镇一带

续表 2-8

成土母质大类	成土母质分区	涉及地层	岩性归类	主要特征	典型剖面	主要土壤	分布区域
中生代陆内盆地碎屑岩风化物	晚侏罗世砂岩类风化物	二十二站组、漠河组	中粗粒砂岩、泥质粉砂岩、砾岩、粗砂岩	基岩中等—弱风化，多呈棕黄色，主要组成为棱角状碎石及砂土，成土母质层厚度不等，最厚可达 1m 左右，富集 N、C	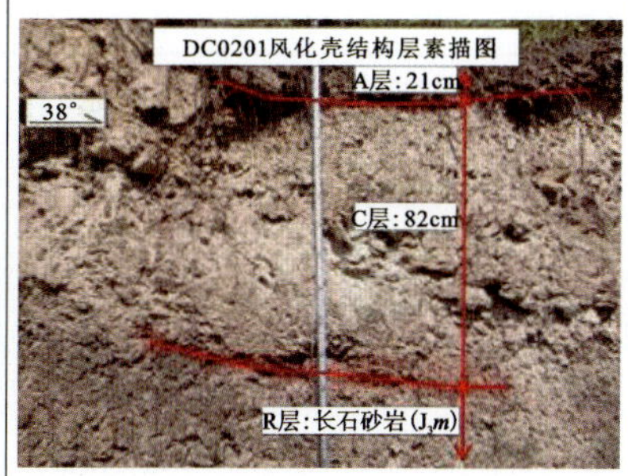	棕色针叶林土以及少量沼泽土	北极镇—兴安镇、开库康乡—欧浦乡一带
	晚侏罗世砂岩-砾岩类风化物	绣峰组、开库康组	砾岩、砂砾岩、卵石砾岩、中粗—细砾岩、中粗—中细砂岩	基岩中等—强风化，呈棕黄色—黄色，主要由砂土和碎石组成，厚度较薄，多小于 30cm，薄层粉砂岩母质层可达 70cm 以上，富集 Hg、N、Na_2O	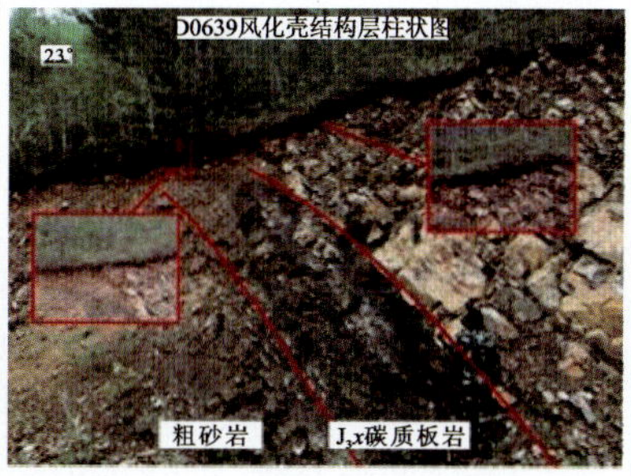	棕色针叶林土、沼泽土	漠河市以南、盘古镇—开库康乡—依西肯乡、瓦拉干—欧浦乡
古生代浅变质岩风化物	古生代砂岩-板岩类风化物	林西组、红水泉组、根里河组、泥鳅河组、卧都河组、安娘娘桥组、大伊希康河组、铜山组	石英砂岩、岩屑砂岩、砂质板岩、板岩等	基岩中等—强风化，板岩类风化较强，厚度中等，为碎石、砂土，砂岩呈棱角状—次棱角状块状，厚度中等，厚 30～60cm，富集 As、Sb、Cu、Sc、V		以暗棕壤为主，其次为棕色针叶林土	北疆乡—韩家园镇、北疆乡—劲松镇一带
	古生代变碎屑岩类风化物	塔哈河岩群、大乌苏杂岩	大乌苏杂岩、变质长石石英砂岩、变杂砂岩、变凝灰砂岩等	基岩中等—强风化，主要为碎石、风化砂、砂土，呈棱角状—次棱角状块状，厚度中等，厚 30～60cm	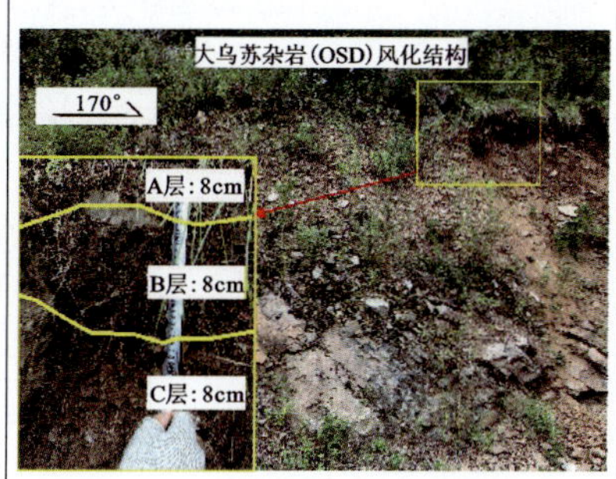	以棕色针叶林土为主，其次为暗棕壤	碧水镇北西、大乌苏镇、劲松镇周边

续表 2-8

成土母质大类	成土母质分区	涉及地层	岩性归类	主要特征	典型剖面	主要土壤	分布区域
中生代花岗岩类风化物	早白垩世花岗岩类风化物	早白垩世花岗岩类	二长花岗岩、花岗闪长岩、正长花岗岩、石英二长岩、石英闪长岩	中等—强风化，多黄褐色或灰白色，成土母质主要由长石、石英砂砾，厚度中等—薄，厚 10～60cm，强富集 N、C、Mo、P、Ag、Zn	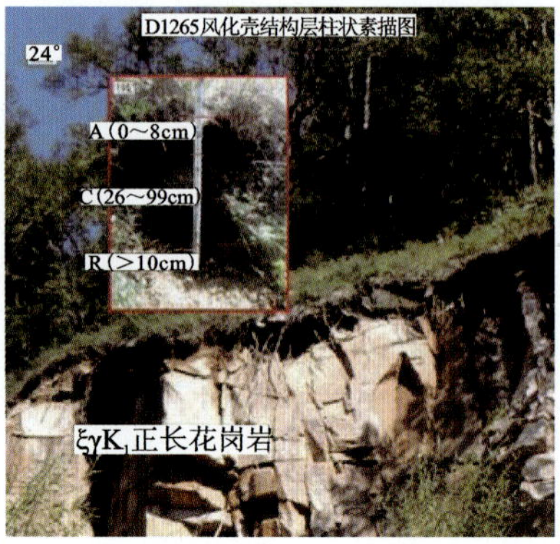	棕色针叶林土，少量暗棕壤	主要分布于松岭区北部、西部
古生代花岗岩类风化物	晚三叠世—早侏罗世花岗岩类风化物	侏罗世世花岗岩、晚三叠世—早侏罗世混合花岗岩、三叠纪正长花岗岩	二长花岗岩、正长花岗岩、花岗闪长岩、石英二长岩、石英二长闪长岩、石英闪长岩、闪长岩	基岩中等—强风化，多呈黄褐色或灰白色，强风化由长石、石英风化砂砾组成，中等风化由砂土及碎石组成，厚度中等—薄，厚 10～60cm，强富集 N、C、P、Sr、Mo、Na_2O		棕色针叶林土、暗棕壤，少量沼泽土	漠河市西南、松岭区加格达奇区西南
古生代花岗岩类风化物	晚石炭世—早二叠世花岗岩类风化物	早二叠世花岗岩、石炭世—早二叠世花岗岩	二长花岗岩、正长花岗岩、花岗闪长岩、花岗岩、石英二长闪长岩、闪长岩	基岩多强风化，多呈棕黄色、红褐色，主要由砂土、碎石组成，碎石多呈棱角状，厚度中等，厚 30～60cm，强富集 N、Sr、Mo、Br	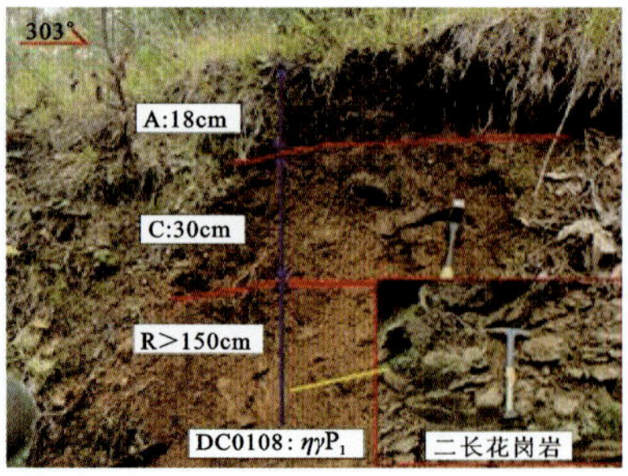	棕色针叶林土、暗棕壤，少量沼泽土、草甸土	呼玛县北部、新林区中部及松岭区北部

续表 2-8

成土母质大类	成土母质分区	涉及地层	岩性归类	主要特征	典型剖面	主要土壤	分布区域
新元古代花岗岩-火山岩类变质岩风化物	新元古代花岗岩类风化物	新元古代花岗岩	二长花岗岩、花岗岩、花岗质片麻岩、花岗闪长岩	基岩风化强，多呈棕色，主要由砂土及风化砂组成，风化砂主要成分为中—粗粒的长石、石英颗粒，厚度中等，厚 30～60cm		棕色针叶林土	主要分布于额木尔河下游东侧
新元古代变质岩类风化物	新元古代中高级变质岩类风化物	新安桥岩组、兴华渡口岩群	片岩、变粒岩、蛇绿构造混杂岩、表壳岩等	基岩多呈强风化，多呈黄色，成土母质层主要由风化砂或者风化砂及棱角状、碎片状的碎石组成，富集 N、C、Ag	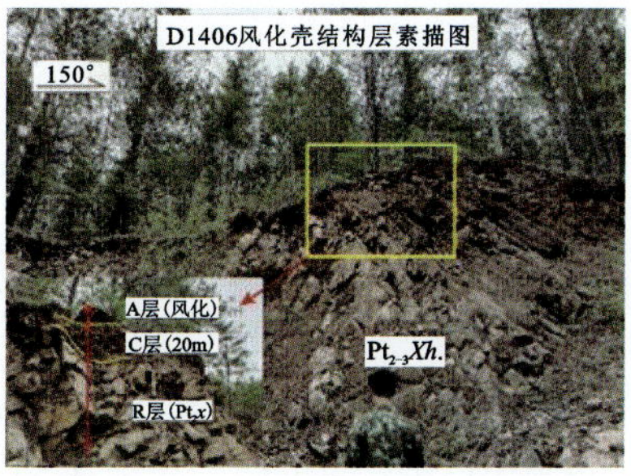	棕色针叶林土、暗棕壤、沼泽土	古莲镇、洺源镇以南区域

2. 深层土壤

营养元素含量相对较低，其中氮元素在晚侏罗世砂岩类风化物分区、中侏罗世砂岩-砾岩类风化物分区、古生代砂岩-板岩类风化物分区和早—中奥陶世花岗岩类风化物分区较缺乏，可能是因为 N 元素主要由植物积累产生，与成土母质无关。P 元素在晚侏罗世砂岩类风化物分区、中侏罗世砂岩-砾岩类风化物分区中较缺乏，S 元素在所有成土母质分区深层土壤中均呈较缺乏—缺乏。

各成土母质分区深层土壤中重金属元素含量未超过风险筛选值，仅在第四纪陆相松散冲（洪）积风化物区、早白垩世基性熔岩-碎屑岩类风化物区、晚侏罗世—早白垩世酸性熔岩-碎屑岩类风化物区、晚侏罗世砂岩类风化物区、古生代砂岩-板岩类风化物区、晚三叠世—早侏罗世花岗岩类风化物区、新元古代中高级变质岩类风化物区中出现个别 As 元素异常值超过风险筛选值；第四纪陆相松散冲（洪）积风化物区、早白垩世花岗岩类风化物区、晚三叠世—早侏罗世花岗岩类风化物区、早—中奥陶世花岗岩类风化物区、新元古代中高级变质岩类风化物区出现个别 Cr 元素异常值超过风险筛选值；早白垩世基性熔岩-碎屑岩类风化物区、晚侏罗世砂岩类风化物区、中侏罗世砂岩-砾岩类风化物区、古生代砂岩-板岩类风化物区、晚三叠世—早侏罗世花岗岩类风化物区、早—中奥陶世花岗岩类风化物区、新元古代中高级变质岩类风化物区中出现个别 Cr 元素异常超过风险筛选值；晚侏罗世—早白垩世酸性熔岩-碎屑岩类风化物区、晚侏罗世砂岩类风化物区、早白垩世花岗岩类风化物区、晚三叠世—早侏罗世花岗岩类风化物区、晚石炭世—早二叠世花岗岩类风化物区、早—中奥陶世花岗岩类风化物区中出现个别 Pb 元素异常值超过风险筛选值；晚侏罗世砂岩类风化物区、晚三叠世—早侏罗世花岗岩类风化物区、早—中奥陶世花岗岩类风化物分区、新元古代中高级变质岩类风化物区中出现个别 Ni 元素异常值超过风险筛选值。

通过对表层土壤和深层土壤的分析可以看出，不同时代相同岩性的成土母质中各元素的含量具有相似性，同一时代不同岩性的成土母质中各元素含量存在较大差异。个别样点中的元素含量超标，可能与岩石本身矿物含量有关。如 Cr、Ni 元素异常一般分布在超基性岩成土母质区，As、Sb、Pb 等元素异常一般分布在金矿周边及花岗岩类成土母质区等。

(二)各成土母质区土壤物理化学特征

1. 新生代板内差异升降松散堆积风化物

(1)第四纪陆相松散冲(洪)积风化物。该类型成土母质主要为第四系冲洪积河漫滩、阶地堆积物，主要分布在广布的河流和沼泽等地，以砂、砾石及黏土为主，分布具有明显的地带性，不具备进一步划分粒度。与中国深层土壤背景值相比，N、P、C、Sr、Mo、Na_2O 呈强富集，I、Sb、CaO、Ni、Au、B 呈强贫化，U、Tl、Zn、Al_2O_3、K_2O、Pb、Bi、Rb、Ti、Br、V、TFe_2O_3、Nb、Sn、Mn、W、SiO_2、La、F、Ce、Li、Th、Ge、Sc、Zr、Co、Cl、Y 等含量与我国深层土壤背景值相当，pH 值为 5.58。其上主要发育沼泽土及草甸土。

(2)新近纪松散砂砾冲积风化物。为孙吴组弱固结—半固结砂砾岩风化物，主要分布在黑龙江沿岸金山乡、呼玛县一带，地势较高的古夷平面之上，由于母岩为弱固结—半固结岩石，且分布在山顶之上，导致风化作用较强，成土母质层多为松散的砂砾石，少量为黏土，含铁量较高，多呈红褐色，与下覆的各类地质体界线明显，最大可达几十米。其上主要发育暗棕壤、棕色针叶林土。

2. 中新生代火山断陷盆地火山熔岩-火山碎屑岩风化物

(1)更新世基性熔岩类风化物。主要为第四系下更新统大熊山玄武岩残坡积风化物，仅大兴安岭地区南部松岭区古里河中游分布，面积小，风化作用较弱，多呈棕黄色，成土母质层主要由砂土及棱角状块状玄武岩碎石组成，厚度较小，小于 30cm。其上主要发育暗棕壤。

(2)早白垩世基性熔岩-碎屑岩类风化物。主要为下白垩统甘河组橄榄玄武岩、玄武安山岩残坡积风化物，下白垩统瓦拉干组玄武粗安岩、粗安质、玄武粗安质火山碎屑岩残坡积风化物，主要分布在松岭区和呼玛县东南部，漠河市南部。计算化学风化指数(CIA)为 61～80，为中等风化，多呈灰黄色、灰褐色。该成土母质层主要由砂土及棱角状—次棱角状玄武岩、玄武安山岩、玄武粗安岩以及玄武粗安质火山碎屑岩碎石组成，砾石大小为 3～15cm，成土母质层厚度中等，厚 10～30cm，个别厚度可达 60cm 以上。该类型成土母质与我国深层土壤背景值相比，Sr、N、P、Ba、Na_2O、C 呈强富集，Sb、As、I、Au、B 呈强贫化，Mn、Al_2O_3、Be、K_2O、CaO、Co、Zr、Ce、La、U、Pb、MgO、Nb、Sc、Rb、SiO_2、Ge、Tl、Br、Sn、S、Se、Cd、Cu、F 等元素含量与中国深层土壤背景值相当，pH 值为 5.45。其上主要发育暗棕壤及棕色针叶林土。

(3)晚侏罗世—早白垩世中性熔岩-碎屑岩类风化物。主要为下白垩统龙江组安山岩及安山质火山碎屑岩残坡积风化物，上侏罗统玛尼吐组英安岩、英安质火山碎屑岩残坡积风化物，主要分布于大兴安岭地区南部松岭地区及新林地区南部，相对较为分散。计算化学风化指数(CIA)为 66～77，中等风化，多呈灰黄色、灰褐色。主要由砂土及棱角状或次棱角块状安山岩、英安岩、安山质、英安质熔结凝灰岩、凝灰角砾岩、岩屑凝灰岩、角砾凝灰岩碎石组成，砾石尺寸为 1～15cm 不等，厚度中等，厚 10～30cm，个别地段可达 60cm 以上，局部以残积石海产出，砾石较大，地表无土壤层或土壤层极薄，砾石之间可见少量石质土。该类型成土母质与我国深层土壤背景值相比，N、Ag、Mn、P、Mo、Sr 呈强富集，Au、B、Cd、Sb 呈强贫化，U、Ti、W、C、Al_2O_3、Ce、K_2O、Tl、Rb、Li、As、Sc、Nb、Co、La、I、Sn、Cu、Y、SiO_2、Zr、MgO、Ge、Th、Cl 元素含量与中国深层土壤背景值相当，pH 值为 5.70。其上主要为暗棕壤，低洼或沟谷处发育沼泽土。

(4)晚侏罗世—早白垩世酸性熔岩-碎屑岩类风化物。主要为下白垩统光华组酸性熔岩、流纹质、英安质火山碎屑岩残坡积风化物、下白垩统孤山镇组流纹岩、英安岩、粗面岩、流纹质、英安质火山碎屑岩残坡积风化物、上侏罗统满克头鄂博组流纹岩、流纹质火山碎屑岩和上白垩统白音高老组流纹岩、流纹质角砾凝灰岩、流纹质凝灰岩残坡积风化物，主要分布于大兴安岭地区中部，呼中区大部、新林区西部、呼玛县东部和漠河市南部等。计算化学风化指数为61～80，为中等风化，多呈灰白色—棕黄色，主要由棱角状块状流纹岩、英安岩、粗面岩、流纹质、英安质火山角砾岩、含砾凝灰岩、凝灰熔岩、熔结凝灰岩碎石组成，砾石尺寸为1～15cm不等，含少量砂土，厚度中等，厚30～60cm，局部以残积石海产出，砾石较大，地表无土壤层或土壤层极薄，砾石之间可见少量石质土。该类型成土母质与我国深层土壤背景值相比，N、Sr、Mo、Na_2O、C、Ba呈强富集，Cr、Cu、Au、I、Ni、B呈强贫化，Mn、Tl、Rb、Be、Al_2O_3、Ti、Nb、Zr、Se、Ce、SiO_2、Bi、La、V、Th、TFe_2O_3、Ge、W、Sn、Li、Br等元素含量与中国深层土壤背景值相当，pH值为5.36。其上主要发育棕色针叶林土。

3. 中生代陆内盆地碎屑岩风化物

(1)早白垩世砾岩-火山碎屑岩类风化物。主要为下白垩统九峰山组砂岩、砂砾岩及火山碎屑岩的残坡积风化物，主要分布在大兴安岭西北部和东部地区，面积小，且零散，是大兴安岭地区主要的赋煤地层，漠河市古莲煤矿即产于该地层内。中等风化程度，成土母质层主要由砂土以及风化的残坡积碎石或砾石组成，厚度中等，厚30～60cm。其上发育有暗棕壤、棕色针叶林土，靠近沟谷区域其上还发育有沼泽土。

(2)晚侏罗世—早白垩世砾岩类风化物。主要为晚侏罗世—早白垩世的阿凌河中粗砾岩残坡积风化物，为漠河盆地冲积扇相陆源碎屑沉积岩，主要分布在漠河市砂宝斯—阿凌河一带，分布面积小，中等—弱风化，成土母质层主要由呈次棱角状或椭球状砾石以及砂土组成，厚度较薄，厚10～30cm。其上主要发育棕色针叶林土。

(3)晚侏罗世砂岩类风化物。主要包括下侏罗统二十二站组与漠河组砂岩类残坡积风化物，主要分布于漠河市和塔河县北部。计算化学风化指数为65～85，为中等—弱风化，多呈灰色—棕黄色，风化物由砂土和砂岩碎石组成，碎石大小0.5～10cm，成土母质层厚度相对较厚，厚30～100cm，个别处仅约10cm，该类型成土母质与中国深层土壤背景值相比，N、C、Hg、Tl、Na_2O呈强富集，B、Cd、Ni、Au、Cu、I、CaO呈强贫化，Ga、Rb、K_2O、Nb、Al_2O_3、SiO_2、Se、As、W、Zn、Ti、Be、Pb、Sn、Ge、V、Sr、U、P、Li、Zr、Ce、La、TFe_2O_3、Cr、Sb等元素含量与中国深层土壤背景值相当，pH值为5.11。其上以棕色针叶林土为主，个别低洼处发育沼泽土。其中Hg元素富集可能与大兴安岭地区进行过砂金采集有关。

(4)中侏罗世砂岩-砾岩类风化物。主要包括中侏罗统绣峰组和开库康组砾岩、砂岩残坡积风化物，主要分布在漠河和塔河中部，漠河盆地南缘。计算化学风化指数为64～85，为中等—强风化，呈棕黄色—黄色，主要由砂土和卵圆状的砾石组成，成土母质层厚度为30～60cm。与中国深层土壤背景值相比，Hg、N、Na_2O、C、Ba呈强富集，B、Ni、Cd、Au、Cu、CaO、I呈强贫化，K_2O、Rb、Ga、Nb、Mo、Ag、Sr、SiO_2、Al_2O_3、P、Ti、Be、As、Pb、U、Li、Ce、La、Se、Zn、Ge、W、Sn、Zr、V、Th等元素与中国深层土壤背景值相当，pH值5.41。其上主要发育棕色针叶林土、沼泽土。

(5)早—中侏罗世泥岩类风化物。主要为中—下侏罗统洛古河泥岩残坡积风化物，仅出露于漠河市洛古河一带，风化较强，呈灰黄色，成土母质主要由泥质岩石风化的黏土和砂土及呈次棱角状糜棱岩化泥岩、细粒长石砂岩碎石组成，碎石尺寸为0.5～5cm，厚度中等，厚30～60cm。其上发育棕色针叶林土。

4. 古生代浅变质岩风化物

(1)古生代砂岩-板岩类风化物。该类型成土母质涉及地层较多，主要为一套早古生代浅海陆棚、弧后盆地相的陆源碎屑岩的沉积变质岩石，包括上二叠统林西组页岩-砂岩、上石炭统—下二叠统花朵山组砂岩-板岩、下石炭统红水泉组变砂岩-板岩、中—上泥盆统根里河组板岩-砂岩、下泥盆统泥鳅河组板岩-细砂岩、下泥盆统腰桑南组粉砂岩-板岩、上志留统卧都河组石英砂岩-粉砂岩、中志留统八十里小河组杂砂岩-粉砂岩-凝灰砂岩、下志留统黄花沟组粉砂质板岩、上奥陶统安娘娘桥组粉砂质板岩-砂岩-粉砂岩、中奥陶统大伊希康河组长石砂岩-石英砂岩-凝灰砂岩-杂砂岩、中—下奥陶统铜山组板岩-长石砂岩-凝灰砂岩、下奥陶统黄斑脊山组钙质粉砂岩以及下奥陶统库纳森河组石英砂岩-长石砂岩-杂砂岩残坡积风化物，主要分布在呼玛县和松岭区一带。计算化学风化指数为61～80，为中等风化，尤其是板岩类风化较强，成土母质层主要有黏土、砂土和由棱角状—次棱角状块状砂岩碎石或板片状板岩碎石组成，厚度中等偏厚，厚 30～60cm，个别地段可达 100cm 以上。该类型成土母质层与中国深层土壤背景值相比，As、Sb、Cu、Sc、V 呈强富集，CaO、Cl、Au 呈强贫化，Sn、Co、Nb、Sr、MgO、Be、Y、Mn、Ni、Se、Ag、N、U、Bi、F、Ge、Ce、Rb、Tl、Ba、K_2O、La、W、SiO_2、Zr、S、Th、Pb、B 等元素含量与中国深层土壤背景值相当，pH 值为 4.98，其上主要发育暗棕壤。

(2)古生代变碎屑岩类风化物。主要为古生代的大乌苏杂岩、塔哈河岩群变火山岩、变沉积岩残坡积风化物，主要分布于大兴安岭地区中北部及南部区域，分布面积较小，中等—强风化，成土母质层主要由风化砂、砂土及棱角状—次棱角状变火山岩、变砂岩碎石等组成，厚度中等，厚 30～60cm。其上土壤主要发育棕色针叶林土。

5. 中生代花岗岩类风化物

(1)早白垩世花岗岩类风化物。主要为早白垩世二长花岗岩、花岗闪长岩、花岗斑岩、正长花岗岩、碱性花岗岩、花岗闪长斑岩、碱长花岗岩、石英二长岩、石英闪长岩等花岗岩类残坡积风化物，主要分布于大兴安岭地区西南部加格达奇区和松岭区西部及呈小岩枝或岩株零星分布于全区。计算化学风化指数为 63～78，为中等—弱风化，多呈黄褐色或灰白色，成土母质主要由花岗岩风化砂土和棱角状花岗岩碎石组成，碎石尺寸在 0.5～10 cm 之间，成土母质层度中等—薄，厚 10～60cm。该类型成土母质与中国深层土壤背景值相比，N、C、Mo、P、Ag、Zn 呈强富集，Sb、Cd、CaO、B、Au 呈强贫化，Tl、Al_2O_3、Rb、Nb、K_2O、Th、W、Sn、Ti、TFe_2O_3、V、Li、SiO_2、Ce、Ge、La、Zr、Cl、Co、Sc、F、I 等元素与中国深层土壤背景值相当，pH 值为 5.51。其上主要发育棕色针叶林土和暗棕壤。

(2)晚三叠世—早侏罗世花岗岩类风化物。主要为晚侏罗世二长花岗岩、正长花岗岩、石英二长岩残坡积风化物；中侏罗世二长花岗岩、花岗闪长岩、石英二长闪长岩残坡积风化物；早侏罗世花岗闪长岩、石英闪长岩、正长花岗岩、石英二长岩、二长花岗岩、闪长岩残坡积风化物；晚三叠世—早侏罗世混合花岗岩残坡积风化物，晚三叠世正长花岗岩残坡积风化物，主要分布在松岭区东南部和南部、漠河地区西南部地区。计算化学风化指数为 38～84，为中等—弱风化，多呈黄褐色或灰白色，强风化花岗岩成土母质主要由长石、石英等风化砂夹少量黏土组成，中等风化成土母质多由长石、石英风化砂土及棱角状块状花岗岩碎石组成，碎石大小一般为 0.5～10cm，厚度中等—厚，厚 30～60cm，个别地区可达 1m 以上。该类型成土母质与中国深层土壤背景值相比，N、C、P、Sr、Mo、Na_2O 呈强富集，Cd、Sb、Au、B 呈强贫化，Pb、Mn、Al_2O_3、U、Tl、K_2O、Ti、S、Rb、TFe_2O_3、V、Sn、Li、Nb、Ce、SiO_2、W、La、Th、Ge、Co、Sc、F、Zr、Cl、I 等元素含量与中国深层土壤背景值相当，pH 值为 5.65。其上主要发育棕色针叶林土、暗棕壤以及少量沼泽土。

6. 古生代侵入岩类风化物

(1)晚石炭世—早二叠世花岗岩类风化物。主要为早二叠世二长花岗岩、正长花岗岩、花岗闪长岩残坡积风化物；石炭纪—早二叠世正长花岗岩、二长花岗岩、花岗闪长岩、石英二长闪长岩、闪长岩残坡积风化物，主要分布于呼玛县南部、中部、新林区和松岭区东部地区，出露面积小。计算化学风化指数为 68～77，为中等风化，多呈棕黄色、红褐色，主要由花岗岩分化的石英、长石等砂土及少量的棱角状花岗岩、花岗闪长岩碎石组成，厚度中等—厚，厚 30～60cm，个别地区可达 1m 以上。该类型成土母质与中国深层土壤背景值相比，N、Sr、Mo、Br、C 呈强富集，Au、B、Sb、Cd 呈强贫化，Ti、Li、Al_2O_3、Tl、U、Co、Sc、Sn、Rb、Nb、K_2O、S、W、Ce、I、Ge、F、La、SiO_2、Th、Zr、Cu、Y、MgO、Cr、As 等元素与中国深层土壤背景值相当，pH 值为 5.71。其上主要发育棕色针叶林土。

(2)志留纪基性侵入岩类风化物。主要为志留纪辉长岩残坡积风化物，分布面积小，仅大兴安岭地区新林区东南部可见。弱风化，多呈棕黄色，主要由砂土及棱角状辉长岩碎石组成，厚度中等，厚 30～60cm。其上为棕色针叶林土。

(3)早中奥陶世花岗岩类风化物。主要为早中奥陶世花岗闪长岩、二长花岗岩、正长花岗岩、碱性花岗岩、石英二长岩、石英闪长岩残坡积风化物，主要分布于塔河县南部和呼玛县北部，新林区南部、松岭区北部、呼中区东部和漠河市南部少量分布。计算化学风化指数为63～83，为中等风化，多呈棕色—黄褐色，主要由花岗岩类风化成的石英和长石组成的砂土，少量黏土和棱角状花岗岩、闪长岩碎石组成，厚度中等—厚，厚30～60cm，个别地区可达1m以上。该类型成土母质与中国深层土壤背景值相比，Na_2O、Mo、Ba、Hg、Sr、N呈强富集，Cu、CaO、I、Ni、Sb、Au、B呈强贫化，Be、Al_2O_3、Bi、U、Nb、Ti、TFe_2O_3、Ce、La、Se、Rb、Pb、Mn、Sn、V、Zr、C、Sc、Th、Ge、Y、SiO_2、Li、W、F、Br、Cl、Co等元素与中国深层土壤背景值相当，pH值为5.30。其上发育棕色针叶林土。

7. 新元古代花岗岩-火山岩类变质岩风化物

(1)新元古代花岗岩类风化物。主要为新元古代二长花岗岩、花岗岩、花岗质片麻岩、花岗闪长岩残坡积风化物，主要分布在大兴安岭地区北部，出露面积较小。强风化，多呈棕色，成土母质层主要为花岗岩风化后中、粗粒长石、石英颗粒组成，厚度中等，厚30～60cm。其上主要为棕色针叶林土。

(2)新元古代中高级变质岩类风化物。主要为新元古界兴安桥岩组片岩残坡积风化物、新元古界兴华渡口岩群斜长角闪岩、斜长变粒岩、斜长片麻岩残坡积风化物，较为分散分布于大兴安岭地区西北部漠河地区、东部呼玛地区以及南部松岭地区。计算化学风化指数为61～87，为中等—强风化，成土母质层主要呈黄色，主要由黏土、砂土和棱角状—次棱角状碎片状的片岩、变粒岩、片麻岩碎石组成，厚度中等偏厚，厚30～80cm，个别地段可达1m以上。该类型成土母质与中国深层土壤背景值相比，N、C、Ag、Zn、P、Mn呈强富集，Au、I、Sb、B、Cd呈强贫化，Rb、Nb、Al_2O_3、Sr、Cl、Pb、Co、K_2O、Sn、Ce、U、La、Sc、Li、Ge、Th、Se、F、Y、Br、MgO、W、SiO_2、Bi、S、Zr、Cr等元素与中国深层土壤背景值相当，pH值为5.68。其上主要发育棕色针叶林土、暗棕壤及少量沼泽土。

(三)基岩对成土母质和土壤中元素的制约

大兴安岭地区主要发育棕色针叶林土、暗棕壤和沼泽土，但其下伏基岩种类较多，其中以中生代沉积岩和中生代岩浆岩为主。本书主要采集分布较多的中生界上侏罗统漠河组、下白垩统甘河组和第四纪河漫滩堆积的基岩及成土母质与上覆土壤，并对其中元素继承性进行分析研究。

如图2-8所示，将基岩和土壤中元素含量作为横、纵坐标，投点出各元素在基岩和土壤中的相关性。从图中可以看出，主量元素中Al_2O_3、CaO、Fe_2O_3、K_2O、MgO、MnO在基岩中与土壤中的含量呈明显的正相关关系，微量元素Cu、Zn、B、Pb、Cr也同样显示具有较好的正相关关系，但元素Cl相关性不明显。这一结果也表明一些元素在土壤中的含量一定程度上受下伏基岩影响，也可以说土壤中的地球化学元素与基岩中的地球化学元素含量具有一定继承性。

从图2-8中可以看出，在中生界上侏罗统漠河组基岩中，CaO、Cl、Cu含量较低而B含量较高；而在中生界下白垩统甘河组中，CaO、Cl、Ni、Cu、Zn含量较高，B含量较低。因此，也说明不同基岩形成的土壤中元素含量存在一定差异，这主要与不同基岩地球化学元素含量存在差异有关。

1. 风化过程中元素的化学行为

大兴安岭地区岩石类型主要有中生代晚侏罗世—早白垩世的火山岩，岩性主要为玄武质安山岩、安山岩、英安岩、流纹岩，中—晚侏罗世形成漠河盆地陆源碎屑沉积岩，早—中奥陶世、中二叠世、晚三叠世—早侏罗世、晚侏罗世—早白垩世花岗质侵入岩。这些岩石的主要造岩矿物为长石、石英和云母等。在岩石风化过程中，长石、云母等易被破坏，并在风化作用下转变成黏土矿物。如图2-9所示，Ca、Mg、Na和Si等元素的离子更容易随水溶液迁移走。Ca、Mg、Na等可溶性元素更容易由裂缝或孔隙系统中流动的溶液淋溶到土壤中，成土母质层相对于基岩更容易亏损Ca、Mg、Na等易溶于水的碱金属元素。

安岭地区土壤有机质和微量元素含量较高，居全国之首，土壤肥沃且无污染。

大兴安岭地区按土纲划分为淋溶土、半水成土和水成土。其中，淋溶土土壤类型包括棕色针叶林土和暗棕壤，半水成土土壤类型主要为草甸土，水成土土壤类型主要为沼泽土（图 2-11，表 2-9）。

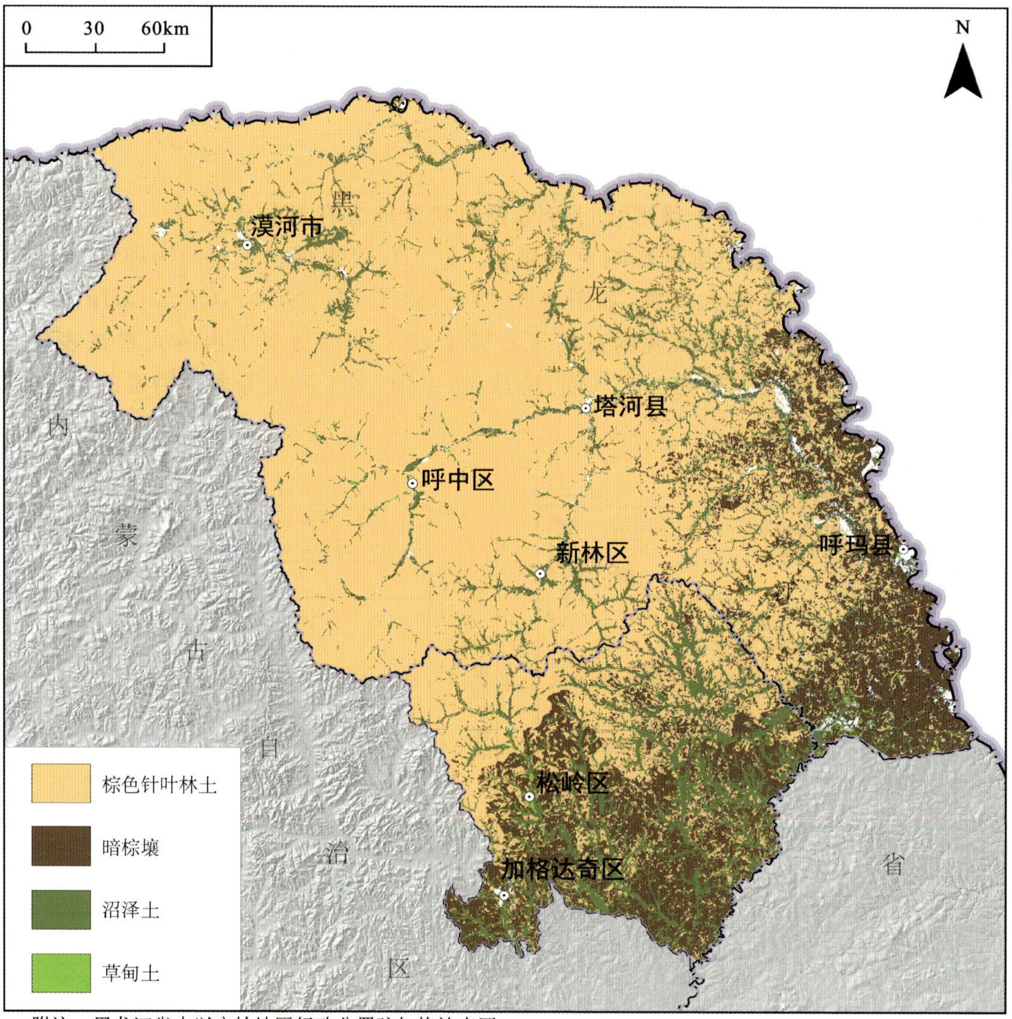

附注：黑龙江省大兴安岭地区行政公署驻加格达奇区。

图 2-11　大兴安岭地区不同土壤类型分布图

表 2-9　大兴安岭地区土壤类型特征

土纲	土壤类型	成土母质	土壤特征	典型剖面	分布区域
淋溶土	棕色针叶林土	基岩残坡积风化物	发育 O（枯枝落叶层）-Ah（腐殖质层）-AB（过渡层）-Bhs（淀积层）-C（成土母质层）剖面形态，土壤厚度 30～60cm。强富集 C，N，Mn，Mo，Ag，P 等元素，中弱富集 Ba，Ga，Zn，Na_2O，Sr，Be 等元素，强贫化 Sb，Se，Cd，B，Au 等元素，中弱贫化 MgO，Cr，Ni，As，Cu，CaO 等。表层腐殖质含量较高，但有效肥力低	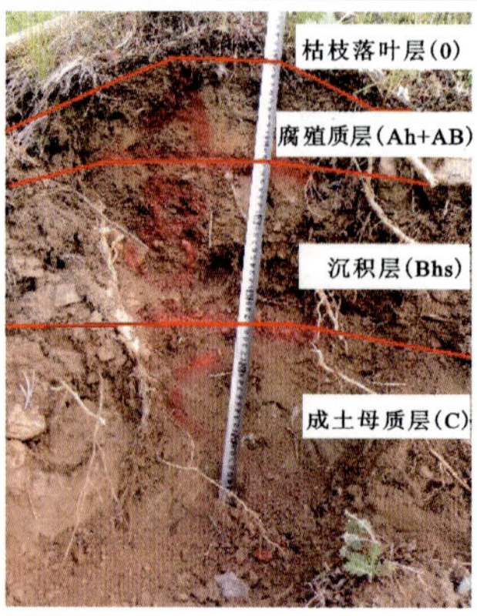	大兴安岭中山、低山和丘陵区，分布在漠河市、塔河县、呼中区、新林区大部分和呼玛县及松岭区北部，平均海拔 500～1000m

续表 2-9

土纲	土壤类型	成土母质	土壤特征	典型剖面	分布区域
淋溶土	暗棕壤	基岩残坡积风化物	划分出O(枯枝落叶层)-Ah(腐殖质层)-AB(过渡层)-Bt(淀积层)-C(成土母质层),厚度多集中在30～60cm。强富集C、Mn、N、Mo、P、Ag等元素,中弱富集Ba、Zn、Sr、Ga、Na_2O、Be、Br、Al_2O_3、Bi,强贫化Sb、B、Cd、Au,中弱贫化Ni、Cu、As、CaO、Se。腐殖质含量为5%～9%,向下急剧减少	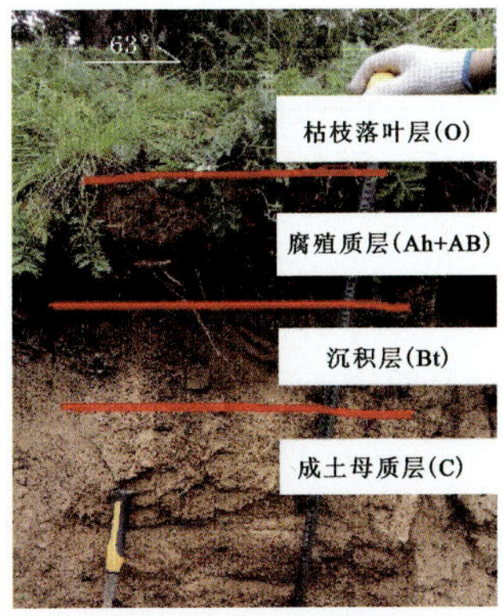	大兴安岭南部呼玛县、塔河县、漠河市、松岭区,沿黑龙江和嫩江一带分布,海拔在800m以下
半水成土	草甸土	第四纪陆相松散冲(洪)积风化物	划分为腐殖质层(A层)、锈色斑纹层(Cu),A层厚度一般为30～70cm,最厚可达100cm,有机质含量高,水养分较丰富。强富集C、N、Mo、P、S、Br、Sr,中弱富集Mn、Ag、Na_2O、Ba、Be、Ga、U、Al_2O_3,强贫化Sb、Au、Cd、B,中弱贫化Zr、Sn、Cr、Ni、As、MgO、Se、CaO	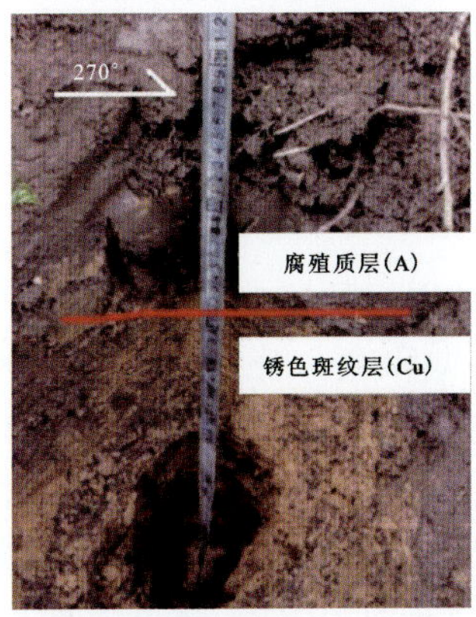	黑龙江、嫩江及其他支流的冲积平原、泛滥地、低阶地的低洼地或山间的谷底
水成土	沼泽土	第四纪陆相松散冲(洪)积风化物	泥炭层和潜育层(H-G),或腐殖质层(腐泥层)和潜育层(Hh-G),或泥炭层、腐殖质层和潜育层(H-Hh-G)。强富集C、N、Mo、Br、P、S、Mn、U,中弱富集Ag、I、Ba、Zn、Be、Ga、Na_2O、Bi、Al_2O_3、Tl,强贫化Cd、Sb、Au、B,中弱贫化Cr、Zr、Se、As、Cu、Ni、MgO、CaO。经过排水可以作为林业用地或牧业用地,也可作为割草场	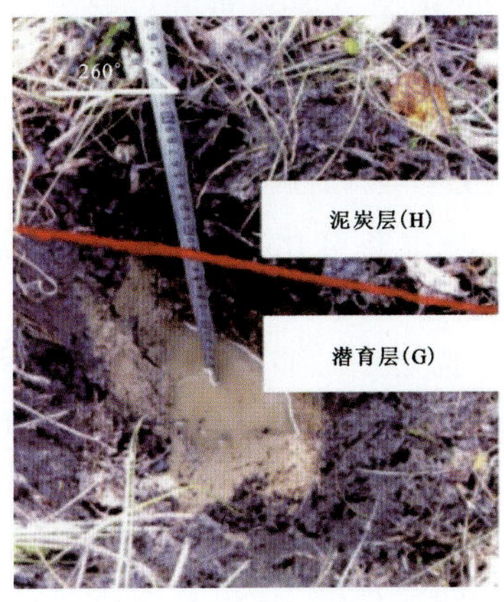	河流两岸低洼处及山间沟谷的低洼处

(一)棕色针叶林土

棕色针叶林土是中国寒温带湿润地区明亮针叶林或暗针叶林下形成的土壤。发育O(枯枝落叶层)-Ah(腐殖质层)-AB(过渡层)-Bhs(淀积层)-C(成土母质层)剖面形态。表层腐殖质含量较高,但有效肥力低,所处地势起伏、土层浅薄,是大兴安岭地区主要林业土壤。

大兴安岭地区棕色针叶林土成土母质主要包括新近纪松散砂砾冲积风化物、新生代沉积岩风化物、火山岩风化物、古生代变质岩风化物等。根据工作精度需求，主要划分出A层、B层及C层，其中A腐殖质层相当于O-Ah-AB，B淀积层相当于Bhs层。大兴安岭地区棕色针叶林土地球化学背景值与中国表层土壤地球化学背景值进行比较，C、N、Mn、Mo、Ag、P等元素呈强富集，Ba、Ga、Zn、Na_2O、Sr、Be等元素呈中弱富集，Sb、Se、Cd、B、Au等元素呈强贫化，MgO、Cr、Ni、As、Cu、CaO等元素呈中弱贫化，其余29个元素含量与中国表层土壤地球化学背景值相当，pH值为4.22～6.56。棕色针叶林土存在较多植物凋落物和腐殖质使表层土壤中生物必需元素与亲生物元素发生富集，而强烈的淋溶作用使一些可溶性盐在表层土壤中淋失，从而表现为贫化状态。通过实地调查，棕色针叶林土总体较薄，多缺失B层，厚度10～60cm。

大兴安岭地区棕色针叶林土面积约为60 000km^2，占全区土壤面积的73%，主要分布于大兴安岭的中山、低山和丘陵区，占据漠河市、塔河县、呼中区、新林区的大部和呼玛县西北部及松岭区的北部地区，平均海拔500～1000m。表层腐殖质含量较高，但有效肥力低，所处地势起伏，土层浅薄，只适于发展林业，是大兴安岭地区的主要林业土壤。大兴安岭地区棕色针叶林土区主要植被为明亮针叶林，局部可见暗针叶林，其中明针叶林的主要树种为兴安落叶松，地被灌草层主要有兴安杜鹃、杜香、笃斯越橘及各种藓类，并混有白桦、山杨等阔叶树种。局部的暗针叶林树种主要为云杉，草本植物主要有大叶章、红花鹿蹄草等。

（二）暗棕壤

暗棕壤是在温带湿润季风气候条件下，针阔混交林之下发育形成的土壤。暗棕壤表层腐殖质积聚，呈中至微酸性，盐基饱和度一般为60%～80%。暗棕壤又名暗棕色森林土，过去曾一度被称为棕色灰化土、灰棕壤。直到1960年，经第一次全国土壤普查，才正式确立为暗棕色森林土，即暗棕壤。

暗棕壤的形成主要经过了弱酸性淋溶过程到温带润湿森林下的腐殖质积累过程。在弱酸性淋溶过程中，由于针阔混交林林分组成复杂，地被物生长茂盛，森林每年有大量的凋落物，其中所含各种养料元素经微生物分解后补充到土壤中，林下的草本植物有庞大的根系，有机质分解过程较快，土壤积累了大量的腐殖质。完整的构型从地表向下可划分出O(枯枝落叶层)-Ah(腐殖质层)-AB(过渡层)-Bt(淀积层)-C(成土母质层)，腐殖质含量较高，一般为5%～9%，向下急剧减少。

将暗棕壤地球化学背景值与中国表层土壤地球化学背景值进行比较，C、Mn、N、Mo、P、Ag等元素呈强富集，Ba、Zn、Sr、Ga、Na_2O、Be、Br、Al_2O_3、Bi等元素呈中弱富集，Sb、B、Cd、Au呈强贫化，Ni、Cu、As、CaO、Se等元素呈中弱贫化，其余28个元素含量与中国表层土壤地球化学背景值相当，pH值为4.65～6.59。大兴安岭地区地表有大量的植物凋落物和腐殖质等，为土壤中有机碳的累积提供良好的环境条件，因此在暗棕壤中一些生物必需元素和亲生物元素表现为强富集。大兴安岭地区暗棕壤厚度多集中在30～60cm之间，局部小于30cm。其成土母质较为复杂，主要包括新近纪松散砂砾冲积风化物、火山岩风化物、花岗岩类风化物和古生代中浅变质岩风化物。

大兴安岭地区暗棕壤分布较广，其面积约为10 000km^2，主要分布于大兴安岭南部海拔800m以下的加格达奇地区、松岭区南部、呼玛县东南部，以及沿黑龙江和嫩江一带。暗棕壤对大兴安岭地区来说是最好的森林土壤，自然植被是以兴安落叶松和白桦为主的针阔混交林，针叶树种主要为兴安落叶松、樟子松、云杉等阔叶树种较多，主要有白桦、蒙古栎、山杨等，林下灌木及草本茂盛，常见的灌木有毛榛子、兴安杜鹃、杜香、卫矛和笃斯越橘等，常见的草本植物有木贼、轮叶百合、小叶章、地榆等。暗棕壤腐殖层腐殖质含量较高，一般为5%～9%或更高一些，向下急剧减少。除发展林业外，个别较平缓的地形部位可垦为农田。

(三)沼泽土

沼泽土是发育于长期积水并生长喜湿植物的低洼地土壤。表层积聚大量分解程度低的有机质或泥炭,土壤呈微酸性至酸性反应,底层有低价铁、锰存在。

沼泽土的形成包括潜育化过程、腐泥化过程或泥炭化过程。

(1)潜育化过程:地下水位高,甚至积水,土壤长期处于渍水状态,破坏了土壤结构,导致土粒分散、土壤缺乏氧气,发生强烈还原作用,土壤中的高价铁锰被还原呈亚铁和亚锰,发生离铁作用,土壤变为浅灰色和灰白色或青灰色和灰绿色。

(2)腐泥化或泥炭化过程:沼泽地区水分多,湿生植物生长旺盛,秋冬季节植物死亡后,大量根系等残体留在土壤中。翌年春季或夏季,长期低洼积水地段土壤处于嫌气状态,有机质进行嫌气分解,形成腐殖质或半分解的有机质,甚至不分解,年复一年不断积累形成泥炭或草炭。季节性积水时,土壤有一定嫌气条件减弱期,有机残体分解较强,不形成泥炭,形成腐殖质及细的半分解有机质,与水分散的淤泥一起形成腐泥。沼泽土的成土母质主要为第四纪陆相松散冲洪积风化物。

将沼泽土地球化学背景值与中国表层土壤背景值相比,C、N、Mo、P、S、Br、Sr 等元素呈强富集,Mn、Ag、Na_2O、Ba、Be、Ga、U、Al_2O_3等元素呈中弱富集,Sb、Au、Cd、B 等元素呈强贫化,Zr、Sn、Cr、Ni、As、MgO、Se、CaO 等元素呈中弱贫化,其余 25 个元素含量与中国表层土壤地球化学背景值相当,土壤 pH 值为 4.61~6.56。沼泽土一般是发育在长期积水并生长喜湿植物的低洼地,除受母岩和深层土壤的影响外,地表有机质和腐殖质以及长期处于积水环境中的土壤是影响其元素分布的重要原因。

大兴安岭地区沼泽土面积约为 8500km^2,多分布在河流两岸低洼处及山间沟谷低洼处,地表积水,植被有苔草、小叶章、柴桦等,并有少量兴安落叶松、白桦分布。沼泽土多有一定厚度的泥炭层,兴安落叶松生长不良,经过排水可以作为林业用地或牧业用地,也可作为割草场。

(四)草甸土

草甸土是发育于地势低平、受地下水或潜水的直接浸润并生长草甸植物的土壤,属半水成土。主要特征是有机质含量较高,腐殖质层较厚,土壤团粒结构较好,水分充分。

草甸土成土过程特点是茂密的草甸植被有较强的腐殖质积累、泥炭化有机质积累和冻融交替,有较强的氧化还原作用。大兴安岭地区草甸土成土母质主要为第四纪陆相松散冲洪积风化物。将沼泽土地球化学背景值与中国表层土壤背景值相比,C、N、Mo、Br、P、S、Mn、U 等元素呈强富集,Ag、I、Ba、Zn、Be、Ga、Na_2O、Bi、Al_2O_3,Tl 等元素呈中弱富集,Cd、Sb、Au、B 等元素呈强贫化,Cr、Zr、Se、As、Cu、Ni、MgO、CaO 等元素呈中弱贫化,其余 22 个元素含量与中国表层土壤地球化学背景值相当,pH 值为 4.83~6.00。草甸土属于半水成土,发育地势低平,受地下水或潜水的直接浸润,表层腐殖质较厚,使生物必需元素和亲生物元素在表层土壤中富集,同时易溶于水的元素发生淋失。

大兴安岭地区草甸土面积较小,主要分布在黑龙江、嫩江及其他支流的冲积平原、泛滥地、低阶地的低洼地或山间的谷底,自然植被为小叶章、沼柳、苔草等草甸植物,草甸土有机质含量高,水养分较丰富,土质较疏松,已开垦为耕地,但地势较低,气候冷湿,速效磷极缺乏。

三、成土母质及土壤对林草湿分布格局的影响

大兴安岭地区基岩主要有元古代中高级变质岩、古生代中浅变质岩和中酸性侵入岩、中生代陆源碎屑岩、中基性—酸性火山碎屑岩和中酸性侵入岩等。

在一定的地理区域内，土壤生成的其他条件相似的情况下，土壤的发生与成土母岩性质有着密切的发生学上的联系。成土母质理化性质差异是导致土壤分异的主要因素，成土母质类型直接影响土壤微量元素在空间上的分布，不同地质时代、不同类型成土母质发育的土壤，其微量元素分布存在显著差异。成土母质是岩石风化残积或搬运再堆积未来可形成土壤的疏松堆积物。因此，不同时代的成土母质其风化物的结构和厚度存在较大差异，进而对地表植被产生影响。大兴安岭处于高纬度地区，受大地构造、气候、冻土等综合影响，其西北部成土母质以火山岩风化物为主，岩石风化程度较低，土壤层较薄，主要发育棕色针叶林土，对应地表植被以针叶林为主；东南部成土母质以前中生代花岗岩及古生代浅变质岩风化物为主，岩石风化程度中等偏强，发育暗棕壤，土壤层相对棕色针叶林土厚，地表植被则主要发育阔叶林。大兴安岭地区成土母质类型和土壤类型与区域植被类型等密切相关，三者互相联系、互相制约，共同构成了大兴安岭地区独特自然面貌。

第五节　冻土特征

冻土是指温度低于0℃，且含有冰的各种土壤和岩石。多年冻土是指发育于地表下一定深度内持续2年或2年以上保持冻结的土壤和岩石，是地球冰冻圈系统主要组分之一。多年冻土主要划分为高纬度和高海拔(高山或高原)多年冻土。大、小兴安岭等地多年冻土属高纬度多年冻土。但该地区多年冻土不同于西伯利亚和北美北部、北极地区的典型的高纬度多年冻土，也与我国西部高原、高山区和高海拔多年冻土有着根本区别，而与俄罗斯外贝加尔地区的多年冻土具有类似特征，即除严寒的气候条件外，生态系统在很大程度上驱动、改变和保护下伏多年冻土，为生态系统主导型多年冻土，也被称为“兴安岭-贝加尔型”多年冻土。

一、多年冻土分布及特征

冻土的存在、分布，以及水、热、质状态受多种因素影响，并具显著的时空变化。全球大陆尺度上，冻土主要受气候的纬度地带性规律制约，区域尺度上，高度和经度的控制作用也较为明显。更小的局域尺度上，积雪、植被、岩性、水分、坡度、坡向等局地因子对水热平衡产生影响，对冻土分布和其他特征起到了决定性作用。在以往的多年冻土区划中，大、小兴安岭及东北北部的多年冻土属于高纬度多年冻土，而南部山地(如长白山、黄岗梁等)划分为山地多年冻土。与此同时，大、小和外兴安岭山地的多年冻土也兼有高纬度和山地多年冻土的复合性质。

大兴安岭多年冻土区位于东亚大陆多年冻土区东南部最南端，介于北纬47°—53°33′之间。受自然条件纬度地带性制约，其分布特征主要表现为：自多年冻土南界往北，随纬度升高，冻土面积由10.5%～20%增加到70%～80%；冻土温度由0～1.0℃下降到－1.0～2.0℃，最低达－4.2℃；冻土厚度由5～20m增厚到60～70m，局部超过120m；多年冻土分布面积上的连续率也由岛状多年冻土过渡为不连续多年冻土，到最北部呈大片连续多年冻土。

整体而言，大兴安岭地区多年冻土分布规律反映了纬度地带性，但因受山脉走向、地形地貌、逆温层、植被覆盖及地表水等自然因素影响，该区多年冻土发育及分布的纬度地带性规律受到某种程度干扰和破坏，使得多年冻土发育及分布在纬度地带性背景上又展现出区域性及局部地段的差别。这种差异在大兴安岭地区多年冻土南界走向上表现十分明显。如该区现今多年冻土南界东段摆动在年平均气温等值线0～1℃之间，中间在0℃附近，西段变化在－1～0℃之间。这种情况的出现可能与水分不均衡有关，东段土壤湿度大，阻碍了地温升高，西段土壤湿度小，易于地温升高。另外，由于受逆温现象、松散层的厚度差异、植被类型、坡向、地表水等局地因素影响，同一地区的不同地貌部位上多年冻土分布及发育程度明显不同。

从上述分析可见，大兴安岭地区冻土分布格局总体服从纬度地带性规律，但受局地因素控制，又呈现很强的局地和景观尺度上的分异。这种类型多年冻土的形成和发育受多种自然因素综合作用，其中稳定和广泛存在逆温层、谷地和洼地松散层厚度大与植被茂密，沼泽化程度高等生态系统和局地小气候和水文环境有密切关系。因此，这些生态系统和局地气候环境是大兴安岭地区多年冻土一森林和湿地耦合生态系统发育和保存下来的主导因素。

二、多年冻土分布的影响因素

冻土的存在、分布，以及水、热、质状态受到多种因素的综合影响，并具有显著的时空变化。在全球和大陆尺度上，冻土主要受气候的纬度地带性规律制约。在区域尺度上，岩性、地质构造、坡度、坡向和植被类型等对冻土分布和冻土特征具有较大影响。在区域地质、局地地理自然因素的综合作用下，大兴安岭地区形成了以谷地为中心、温度较低、厚度较大、含冰量高、分布面积广的多年冻土区。

（一）气候气象对多年冻土的影响

冻土是一种对温度极为敏感的岩土体介质。大兴安岭地处西伯利亚寒温带，寒冷是该区气候的主要特征，尤其是冬季因受西伯利亚、蒙古高压控制，较强的冷空气长驱直入，气温大幅下降，受内陆及海上高低压与季风交替的影响，总的表现为冬季漫长而干燥、严寒，夏季短促而湿热，年均气温低而年较差大，属于寒温带大陆季风气候。从多年冻土南界自东南向西北，年平均气温由 0～1.0℃递降到－6～5℃，年降水量由 500～600mm 减少到 200～300mm 以下，气温年较差由 35℃递增到 50℃左右。同时，受西伯利亚、蒙古高压控制及影响，大兴安岭地区冬季(11 月中至 2 月底)广泛分布着厚度 500～1000m 的逆温层，对该地区多年冻土特征区域差异的形成以及冻土发育过程具有重要影响。大兴安岭地区多年冻土是晚更新世和新冰期寒冷气候作用下形成的高纬度冻土。持续的寒冷气候和低温是大兴安岭地区多年冻土得以保存的决定性因素。

（二）地形地貌对多年冻土的影响

大兴安岭地区多年冻土的分布具有明显的纬度地带性，在此基础上，地形地貌对局地尺度上的多年冻土发育和活动层的季节冻结融化作用的影响较大。在同一地段，由于地形地貌条件差异，多年冻土发育条件亦有明显区别。如在低洼沼泽湿地处，植被和积雪可能产生显著的表面热补偿，而有机土、水分等局地条件可产生 2～4℃的温度位移。因此浅表层地温低于邻近地段至少 2～3℃，表现为地表有沼泽湿地覆盖的谷底地温最低，多年冻土层最厚。冻土观测孔资料显示，在满归北沟，沼泽湿地和苔藓层发育，沟内监测孔年平均地温－3.8℃，多年冻土厚达 80m，而邻近山顶，地表干燥、植被稀疏，为融区。在阿木尔北沟谷底监测孔，年平均地温－4.0℃，多年冻土厚 100m；阳坡处监测孔年平均地温－0.1℃，多年冻土厚度仅 13m。同样，中国科学院阿木尔冻土观测场 2 个位于沟谷沼泽湿地的监测孔，年均地温分别为－2.1℃和－1.8℃，多年冻土层厚约 60m；位于北西坡坡脚处的 2 个监测孔，年平均地温分别为 0.1℃和 0.8℃；位于山地南东坡监测孔，年均地温为 1.8℃，为不连续多年冻土区的融区。利用高密度电法结合人工槽探方法对兴安镇南多年冻土区进行探测，高密度电法布设两条平行剖面，点距分别为 2m (PM05-1)和 5m(PM05-2)，方位为 240°，剖面起点位于沼泽地边缘，沿剖面方向地势缓慢降低至河边。根据测量数据处理及二维反演结果(图 2-12、图 2-13)，PM05-1、PM05-2 视电阻率异常在剖面上可明显分为两层：20m 以浅为视电阻率 1250～10 000Ω·m 之间厚度 0～30m 不等的高阻区，20m 以深则为视电阻率 130～1000 Ω·m 的相对低阻区。在距离剖面起点 144m 位置通过人工开挖发现距离地表 90cm 深度有冻土，根据 PM05-1 反演结果可以看出冻土区上界面埋深约为 1m。综合 2 条不同极距剖面电性特征及实地情况可以看出，剖面范围内冻土规模较一致，且剖面起点沼泽边缘冻土厚度较薄、含冰量较低，越深入沼泽内部冻土连续性越好，规模越大。水平方向 140～170m 位置处，深度 3～30m 范围内存在剖面上最大规模的冻土区，不同极距反演效果基本一致。

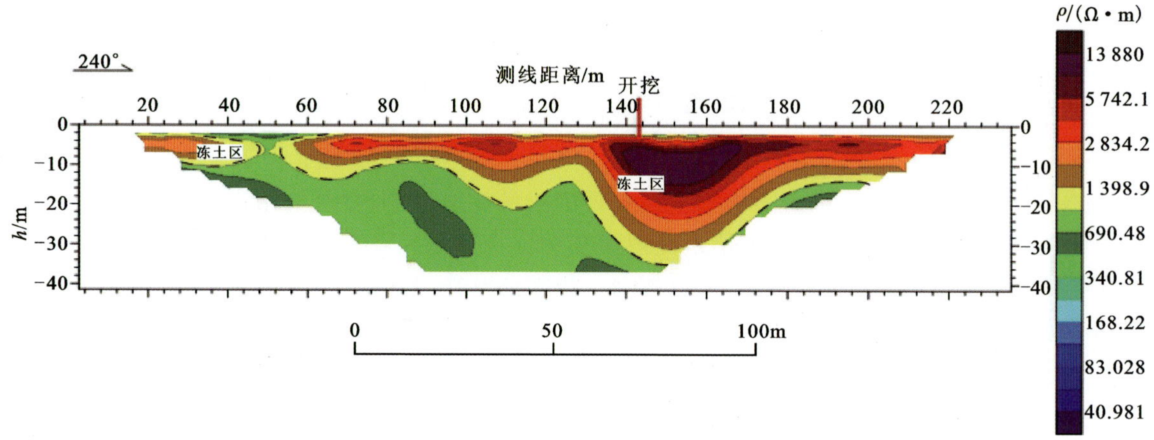

图 2-12　兴安镇 PM05-1 高密度电法测量视电阻率二维反演推断地质断面图

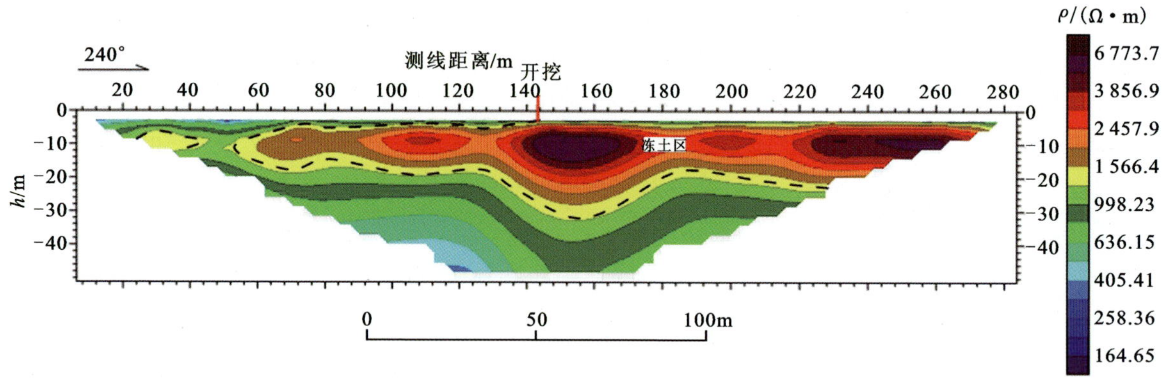

图 2-13　兴安镇 PM05-2 高密度电法测量视电阻率二维反演推断地质断面图

（三）地层岩性对多年冻土的影响

大兴安岭地区沼泽湿地发育，主要分布在沟谷底部、盆地中心、山地洼地、河流低阶地、河漫滩及冲积平原等地，地表多出现沼泽化，生长塔头苔草、苔藓、柴桦、沼柳、小叶章等湿生植物，上部多由泥炭、粉质黏土组成，下部由碎石、砂砾石土等组成。大兴安岭地区沼泽湿地之下发育多年冻土层，且含有大量的地下冰。多年冻土层上部，地下冰主要呈层状构造，由上向下冰层逐渐增厚，上限附近达最大厚度，基本为纯冰层，厚度一般为 0.2～0.6m，个别较厚者可达 1～2m。地下冰多发育在谷地及洼地，东南坡松散层较薄，岩性多为残坡积碎石亚砂土、粉质黏土，地表较干燥，一般无多年冻土。即使个别高处存在多年冻土，但也不利于地下冰发育，体积含冰量一般为 10%～15%。多年冻土上限处很少见到层状地下冰，冻土多为整体状构造。西北坡上松散堆积物虽不及谷底、洼地，但比东南坡发育，而且西北坡一般较东南坡缓，地表较湿润，植被发育。因此，地下冰发育程度也介于谷底、洼地与东南坡之间，松散层内体积含冰率为 20%～30%，冻土多为层状、薄层状构造。在基岩风化带内冻土多为整体状，个别地段可见砾岩状，并可见到裂隙冰。

3. 多年冻土温度升高、厚度减薄

多年冻土的温度和厚度是大气圈与岩石圈在各种自然地理、地质因素参与下长期交换的产物。周围环境不同是导致多年冻土温度、厚度的地域差异的重要因素。温度是多年冻土形成、分布的重要影响因素，年平均地温是表征温度状况的基本参数。多年冻土区近地表土层的温度伴随着冻结与融化过程，具有明显的季节变化特征。从地表向下，地温变化幅度逐渐减小，直到年内变幅不超过0.1℃，或者温度年较差为零的深度为地温年变化深度。冻土层厚度是指冻土层上限到下限之间的垂直距离，在北半球，从北到南、从高海拔向低海拔多年冻土厚度逐渐减薄。

多年冻土厚度减薄主要出现于中小河流谷地"高温"冻土地段，如呼玛河下游韩家园子砂金矿区的河漫滩地段，1982年以前多年冻土底板均在5.0m深度以下，到1987年很多地段已抬升至3.8～4.0m深度处，1995年个别地段多年冻土岛已消失。阿木尔地区的同一半阴坡，两相同高度相距15m内天然观测孔显示，多年冻土埋深从5.0～12.0m段(厚7.0m)变为80～10m段(厚2.0m)，12年内多年冻土厚度减薄了近5.0m。

4. 融区扩大，多年冻土岛消失

随着城镇化的建设，大兴安岭地区形成了规模不等的"热岛"，促使地温明显升高，其中厚度相对较薄的多年冻土逐渐融化，形成融区。而多年冻土南界附近的岛状冻土区，由于地温高、多年冻土厚度薄，且人类活动开始时间早、强度大，多年冻土退化最为明显，主要表现为多年冻土岛缩小甚至消失，仅在地表地势低洼、植被覆盖厚的地段有埋藏于地表下5～8m深处残留多年冻土层。

大兴安岭地区多年冻土退化的总趋势表现为南部较北部明显，北部片状冻土区区域退化总体以量变为主，但在城镇内质变已占据主导地位，城镇"热岛效应"导致绝大多数城镇变为"城镇融区"。南部岛状多年冻土区则多以质变为主，大部分多年冻土岛面积缩小甚至消失，融区和季节冻土区面积正在逐渐扩大。

(四)不同覆被类型多年冻土退化特征

以大兴安岭地区黑龙江南瓮河国家级自然保护区监测场地和监测断面为基础，基于冻土和植被测绘并综合分析生态特征差异及地表覆被特征，布设2个多年冻土活动层监测场地和1个多年冻土地温监测断面(含4个地温孔)(图3-5)。

活动层监测场地分别位于南瓮河谷底的塔头苔草湿地(P1)和灌丛-塔头苔草湿地区域(P2)。地温监测断面为南北走向，从谷底延伸至缓坡，长约900m，平均坡度约为10°。在断面上由北向南按照塔头苔草湿地(P1)、灌丛-塔头苔草湿地(P2)、白桦-兴安落叶松混交林(P3)和兴安落叶松纯林(P4)布设了4个长期地温观测孔。其中，P1场地孔深51m，位于监测断面北端的塔头苔草湿地内，该区域为宽谷底部，地表建群种为苔草，形成塔头苔草丘，丘间常年积水，形成塔头沼泽地；P2场地孔深20m，同样位于宽谷底部，该区属灌丛-塔头苔草湿地，地表覆盖塔头苔草及灌丛；P3场地孔深20m，位于坡脚的白桦与兴安落叶松的混交区域，为多年冻土岛边缘的过渡地段；P4场地孔深20m，位于监测断面南端的缓坡区域，地表植被以兴安落叶松林为主，该区域为季节冻土区。4个监测孔的土壤温度探头分别布设在5cm、10cm、20cm、30cm、40cm、50cm、60cm、70cm、80cm、90cm、100cm、120cm、140cm、160cm和180cm深度布设，系统精度为+0.05℃，记录数据频率为1次/h。同时P1场地孔0.5m(0～5m)、1m(5～20m)及5m(20～50m)，P2、P3和P4场地孔0～5m间隔0.5m，5～20m间隔1m布设热敏电阻传感器。地温测量时间间隔为10d或15d。

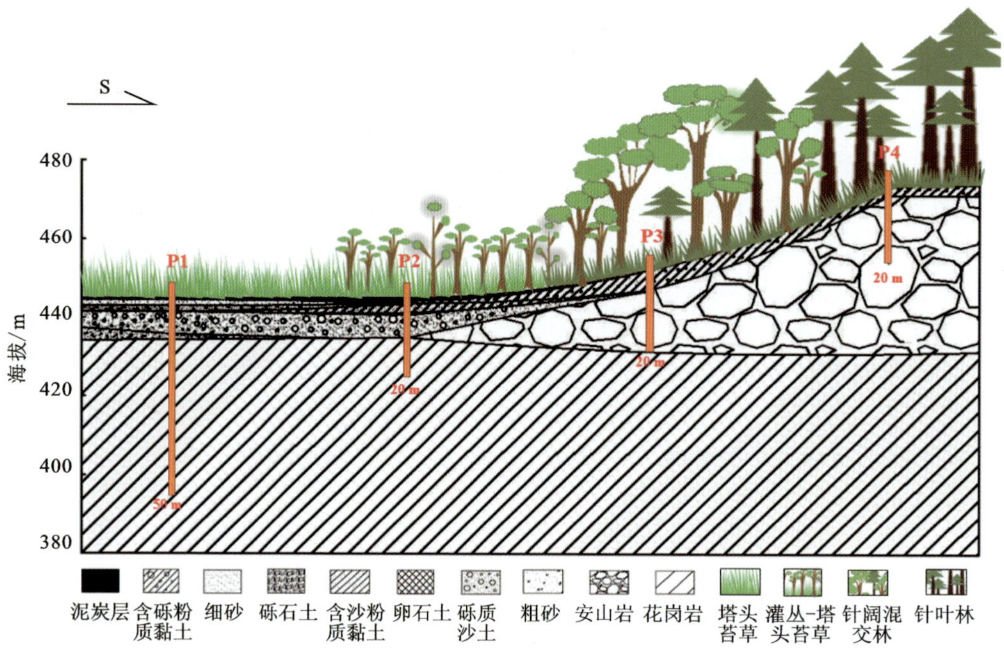

图 3-5 大兴安岭地区黑龙江南瓮河国家级自然保护区生态特征类型及监测断面图

1. 地温热状态及其变化趋势

地温是反映冻土动态特征的重要标志，一定深度的钻孔地温-深度曲线形态是外界大气与地下热流热力交换的真实记录，可以反映该处冻土的现状及变化趋势。根据 4 个地温孔 2012 年至 2019 年地温监测资料及地温曲线(图 3-6)可知，存在 3 种类型地温曲线：P1 年均地温为－0.5℃(15m)，地温最低出现在年变化深度处，由年变化深度向下地温逐渐升高，为正梯度型地温曲线；P2 年均地温为－1.2℃(15m)，地温曲线与 P1 相似，也为正梯度型地温曲线；P3 年平均地温 2012 年为 0℃(15m)，2019 为正温，地温梯度几乎接近零梯度，是典型的退化型地温曲线；观测期间，P4 地层所有深度地温年均值均为正值，并明显高于 0℃，处于季节冻土区，属于稳定性地温曲线。

对比分析 4 个地温孔 2012 年至 2019 年各深度年平均地温曲线可以发现，在气候变暖背景下，不同的微地形地貌和地表覆被的监测场地地温变化趋势和变化幅度均存在显著差异。随时间推移，P1 孔年均地温呈降低趋势，相对地温较低的 P2 孔及位于多年冻土边缘的 P3 孔，年平均地温均呈升高趋势，其中 P3 孔由垂向不衔接冻土转变为季节冻土；位于季节冻土区的 P4 孔地温则呈降低趋势，但变化幅度相对较小。

2. 多年冻土活动层特征及变化

受气候、地表覆被和土壤质地差异等影响，大兴安岭地区黑龙江南瓮河国家级自然保护区不同场地活动层冻结和融化过程差异明显。监测数据表明：P1 场地在 9 月下旬开始从活动层底部向上冻结，地表稳定向下的冻结则始于 9 月末至 10 月初；P2 场地从底部向上的冻结始于 10 月初至 10 月中旬，几乎同一时间段开始地表稳定向下开始冻结。2 个场地的融化开始时间差异较大，而融化完成的时间几乎相同，P1 场地地表稳定向下的融化始于 5 月中下旬，并于 9 月初达到最大融化深度；P2 场地地表向下的融化始于 5 月初，于 8 月底至 9 月初达到最大融化深度(图 3-7)。在全球气候变暖的大背景下，两地活动层厚度并未呈增厚趋势，反而呈逐渐变小的发展方向。P1 场地活动层厚度 2011 年和 2012 年为 0.9m，2013 年和 2014 年减薄为 0.8m。P2 场地活动层厚度 2011 年为 1.4m，2014 年为 1.0m，2016 年仅为 0.6m，减小幅度相对更大。P3 和 P4 位于季节冻土区，P3 场地在 2011 年呈垂向冻土不衔接状，最大季节冻结深度约3m,3～6m为融化夹层,6～8m间有残留的多年冻土层,2012年退化为季节冻土,2012年至2014年间最大季节冻结深度为2.5m,2015年至2017年间最大季节冻结深度为2.0m,2018年至2019年季节冻结深度为2.5m。P4场地最大季节冻结深度2012年至2013年间为2.0m,2014年至2019年间为1.5m,监测年间最大季节冻结深度减小。

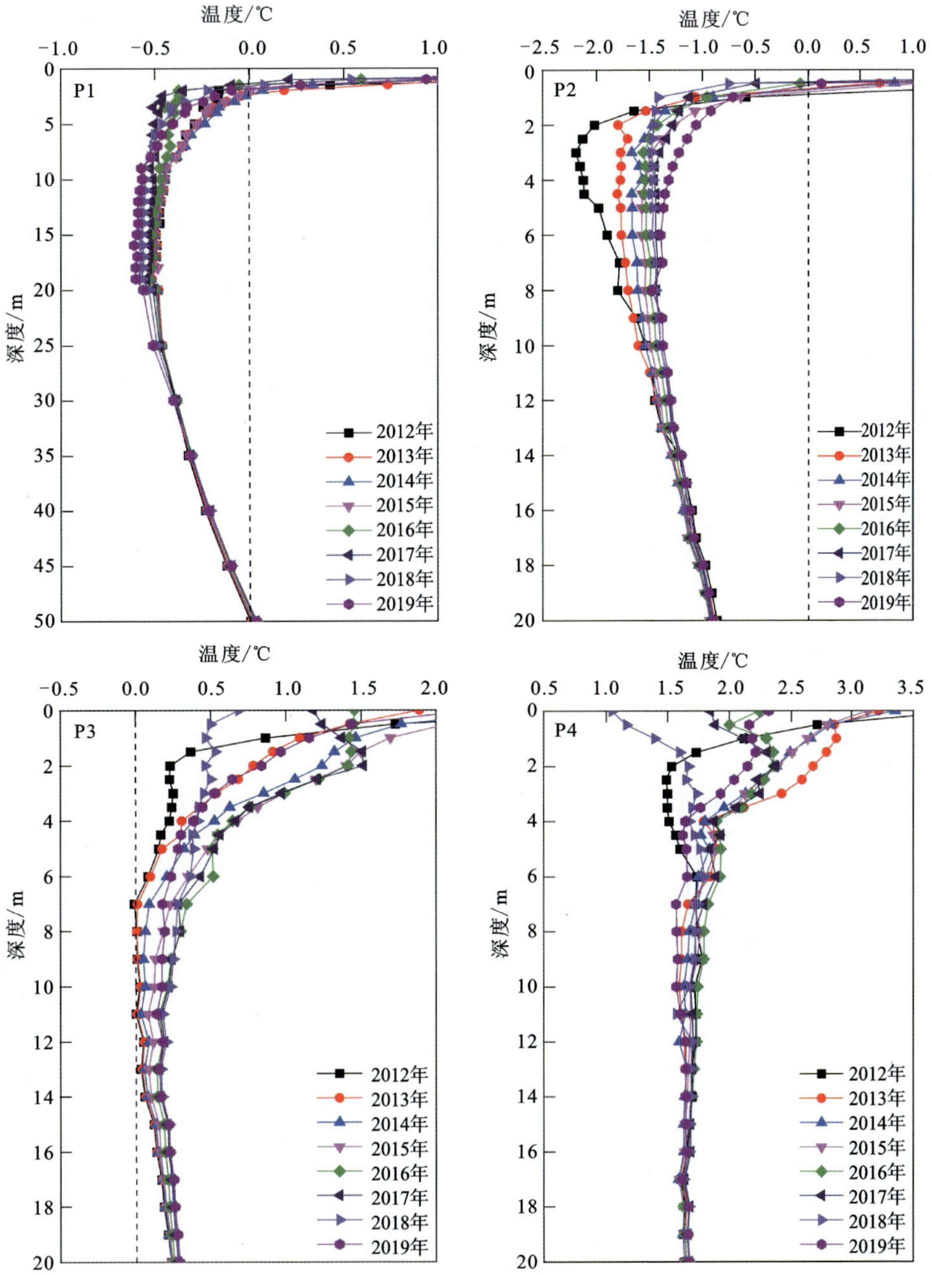

图3-6　大兴安岭南瓮河自然保护区2012年至2019年地温随深度变化曲线图

3. 浅层地温特征及变化

活动层是每年冻结和融化的界面,同时也是不稳定温度场和准稳定温度场的交界面。选择多年冻土区(P1和P2)活动层底板温度(T_{TOP})及季节冻土区(P3和P4)最大季节冻结深度处的年平均温度(图3-7),比较不同冻土区浅层地温特征及其变化。其中,P1和P2多年冻土区的T_{TOP}在依据活动层连续土壤温度监测数据来分析,P3和P4季节冻土区的T_{TOP}利用监测断面的钻孔数据来分析。结果表明:

P1 场地多年平均 T_{TOP} 为－3.54℃（2012 年至 2014 年）；P2 场地为－1.84℃（2012 年至 2016 年）；位于季节冻土区的 P3 场地和 P4 场地，多年平均（2012 年至 2019 年）T_{TOP} 分别为 0.92℃和 2.16℃。在全球气候变化条件下，4 个监测场地 T_{TOP} 均呈升温趋势（图 3-8）。

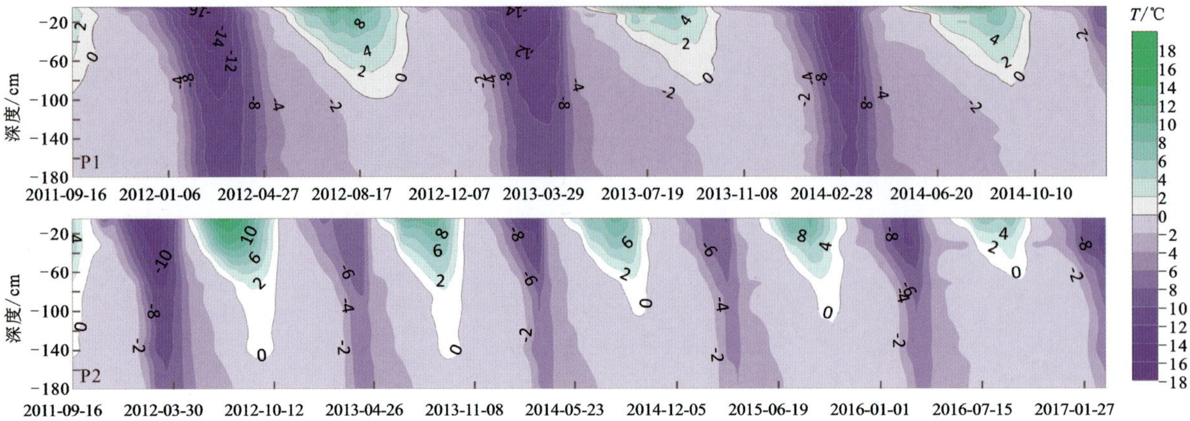

图 3-7 大兴安岭地区黑龙江南瓮河国家级自然保护区不同场地活动层冻融过程

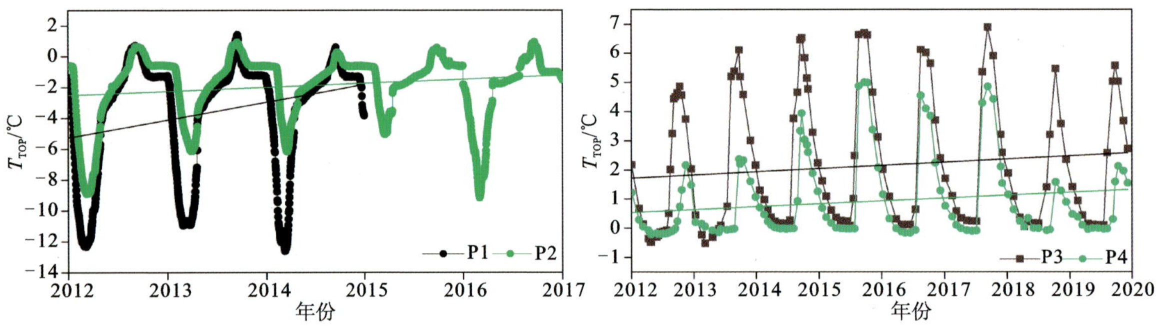

图 3-8 大兴安岭地区黑龙江南瓮河国家级自然保护区浅层地温-深度随时间变化曲线

4. 深层地温特征及变化

选取 10m、15m、20m、30m（仅 P1 场地）和 50m（仅 P1 场地）来分析研究区深层地温特征及其变化。P1 场地 10m、15m、20m、30m 和 50m 多年平均地温分别为－0.48℃、－0.52℃、－0.50℃、－0.39℃和 0.02℃（图 3-9a～d）。P2 场地，10m、15m 和 20m 深度多年平均地温分别为－1.48℃、－1.19℃和－0.90℃。P3 场地，10m、15m 和 20m 深度多年平均地温分别为 0.12℃、0.17℃和 0.26℃。在 P4 场地，10m、15m 和 20m 深度多年平均地温分别为 1.67℃、1.65℃和 1.65℃（图 3-9a～c）。4 个监测场地监测年间各深度地温变化趋势及幅度存在差异（图 3-10）。

P1、P2、P3 和 P4 场地 10m 处地温变化率分别为－0.019℃/10a、＋0.029℃/10a、＋0.031℃/10a、－0.01℃/10a，15m 处地温变化率分别为－0.014℃/10a、＋0.006℃/10a、＋0.017℃/10a、＋0.002℃/10a，20m 处地温变化率分别为－0.01℃/10a、－0.004℃/10a、＋0.009℃/10a、＋0.006℃/10a。P1 场地 30m 和 50m 深处地温变化率分别为－0.002℃/10a 和＋0.004℃/10a。各监测场地不同深度地温数据表明：同一钻孔，不同深度地温变化趋势及变化率均不相同，其中 P1 场地在 30m 以上地温均降低，且随深度增加变化率减小，反映了过去气候波动在地层中的滞后；30～50m 深处则表现为升温，50m 处升温速率为＋0.004℃/10a；P2 区域在 10m 和 15m 处表现为升温，20m 处地温反而呈降低趋势。P3 场地在整个监测深度均表现为升温，升温速率随深度增加衰减，其中 10～20m 深度升温速率最大。P4 区域在整个深度地温略有变化，但变化率均小于其他场地。从结果来看，不同区域、不同深度的地温变化趋势及幅度均存在差异。

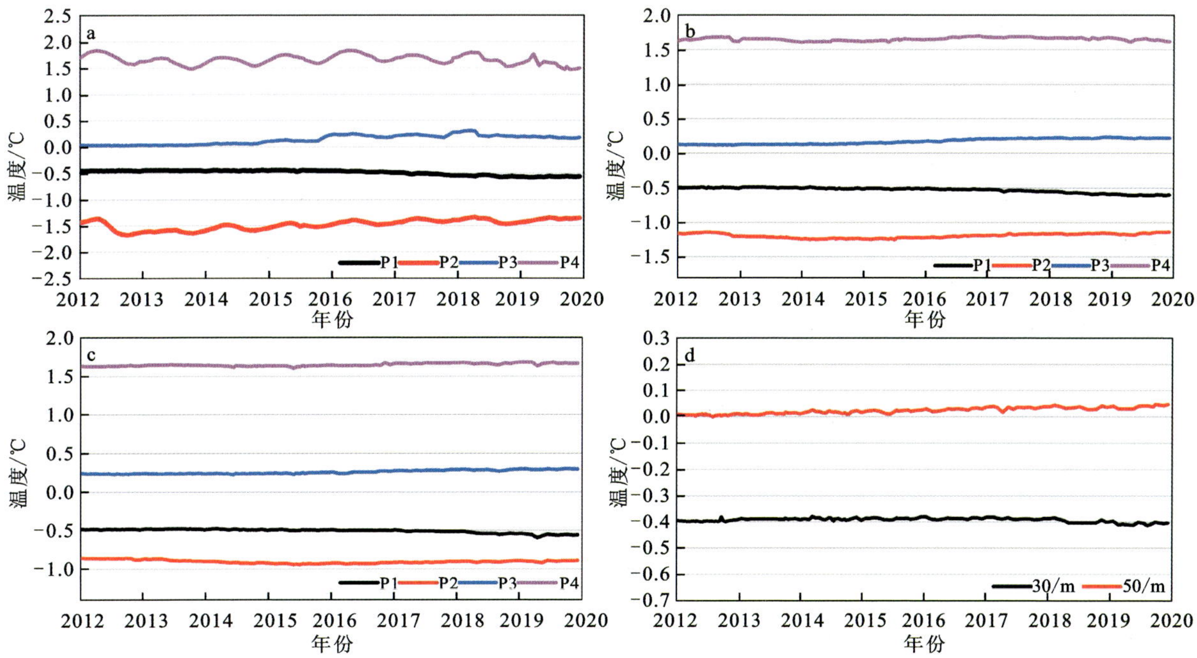

图 3-9 大兴安岭地区黑龙江南瓮河国家级自然保护区深层地温特征及变化曲线图

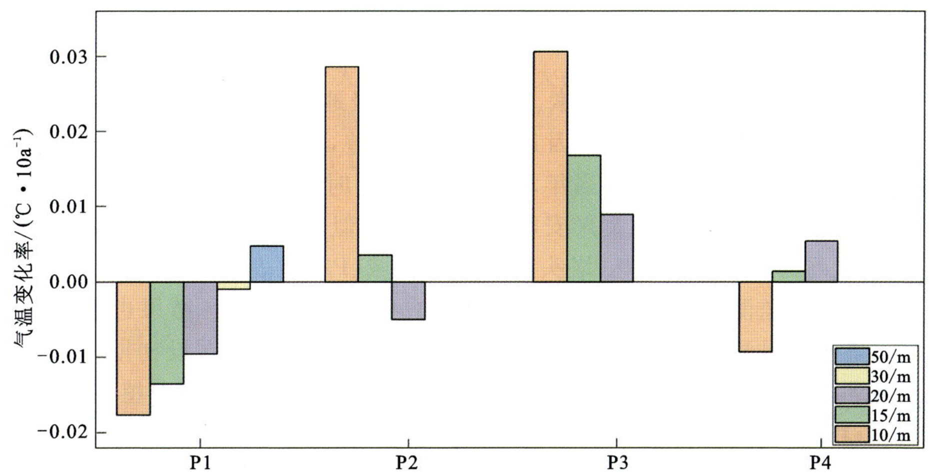

图 3-10 大兴安岭地区黑龙江南瓮河国家级自然保护区各深度地温变化趋势及幅度

5. 冻土对气候变化的差异化响应

由于多年冻土热稳定性特征，多年冻土温度对气候变化的响应存在较大的差异。研究区监测断面长约 900m，在气温升高背景下，4 个钻孔地温变化趋势及幅度各不相同，表现为：位于低温多年冻土区的 P2 场地及过渡区的 P3 场地表现为年平均地温升高，位于高温多年冻土区的 P1 场地和季节冻土区的 P4 场地则表现为年平均地温降低。这一结果表明，在气候变化背景下，低温多年冻土(P2)对气候变化最为敏感，其次为位于过渡区(P3)的不衔接多年冻土，而高温多年冻土(P1)及季节冻土(P4)对气候变化的响应不明显。这一现象也可以用多年冻土地下冰的相变潜热效应来解释，多年冻土由负温到正温的转变过程中需要吸收大量热，高温多年冻土本身温度和含冰量较高，升温过程中，多年冻土内部地下冰发生部分融化，相变消耗了大量的能量，减缓了多年冻土升温，进而出现此高温多年冻土升温相对缓慢的现象。而低温多年冻土本身温度较低，温度的升高不足以导致地下冰融化，不需要消耗大量的能量，且由于冻结状态下的导热系数要大于融化状态下的导热系数，所以低温多年冻土升温相对较高。

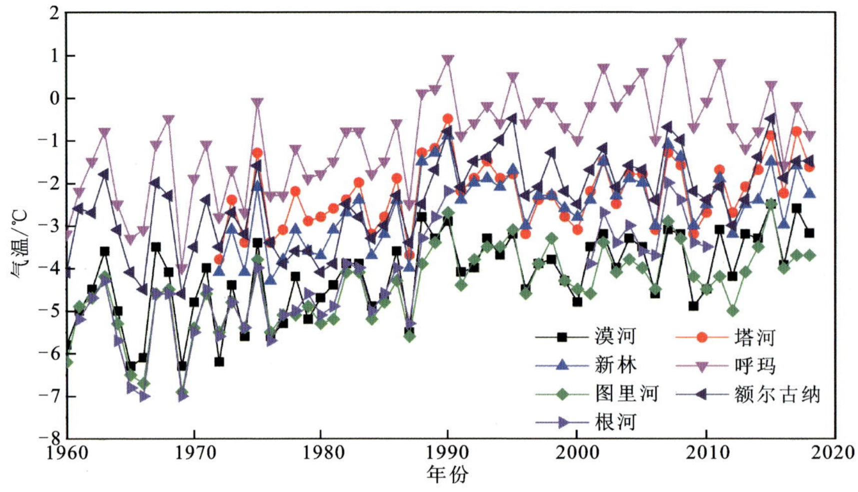

图 3-11　大兴安岭北部地区年平均空气温度变化特征(1960 年至 2020 年)

判别多年冻土存在的标志之一,是评价某一地区是否存在多年冻土的重要指标。一般认为年平均地表温度低于 0℃的环境下即可发育多年冻土。大兴安岭及周边地区 13 个气象台站 1961 年至 2005 年的 10 年尺度平均地表温度和气温变化规律一致,近 60 年来地表温度经历了 20 世纪 60—70 年代相对低温波动,进入 80 年代后出现持续明显的快速增温期,1960 年至 2020 年的 60 年间(图 3-11),地表温度平均增温幅度达 4.54℃,增温率平均值为 0.095℃/a,均大于本区气温增温幅度及平均增温率。

在气候变暖背景下,除表层地温变化外,冻土的厚度及地温也发生一系列变化。黑龙江南瓮河国家级自然保护区一钻孔地温监测孔(P2 场地)数据显示,2012 年至 2019 年各深度年平均地温均呈升高趋势,升温率达 0.06℃/a。霍拉盆地沼泽湿地一地温孔监测数据显示,2015 年至 2020 年间,地温同样呈升高趋势,冻土上限下降 0.7m。在大兴安岭地区经过多次多年冻土南界调查,并通过坑探、钻探和物探证实,在现代气候条件下,年平均气温与多年冻土南界有一定的相关性,即现今大兴安岭地区的多年冻土南界摆动在年平均气温－1.0～1.0℃之间,呈"W"形展布。其中东段位于年平均气温等值线 0～1.0℃之间,西段在－1.0～0℃之间变化,中段大约与年平均气温 0℃等值线吻合。

(二)人类活动与多年冻土退化

在气候变暖的背景下,人类经济活动加快了多年冻土退化和生态环境变化进程。大兴安岭林区 19 世纪以前自然生态环境基本未受人为干扰和破坏,20 世纪以来随着修建铁路,人口逐渐增加,铁路沿线森林砍伐、毁林开荒普遍,城镇化等趋势明显。森林采伐后,地表失去了森林植被和枯枝落叶层的热力屏蔽,太阳辐射直达地表,增加了辐射强度,同时,近地表面风速增大,加强了表面与大气之间热交换,季节融化层中含水(冰)率和相应的热力惰性减小,地温及其振幅升高,季节融化深度增大。

根河生态站观测资料显示:6—9 月平均气温皆伐迹地较天然地高 0.5℃,50 cm 深度处全年平均地温升高约 1℃,季节融化层含水量减少约 50%,季节融化深度增加 20～30cm。沼泽湿地变农田后,6—8 月 0～50cm 深层地温农田低温比沼泽湿地高 4～6℃。快速城镇化引发的热岛效应导致城镇年平均气温高于郊外天然林区 0.7～1.0℃,城区地面年平均温度高于郊区 0.8～1.2℃。放牧活动同样会影响活动层厚度,放牧活动比较频繁的地段,活动层可达 2.5m。放牧区边缘至未放牧区,活动层缩减至 1.5m。在大兴安岭南部,黑龙江沿岸及公路、铁路沿线人口密集和工民建筑群等地段,多年冻土区多已退化为融区或季节冻土区。多年冻土最发育的塔河、南瓮河、根河市及满归镇已多处、大面积出现不衔接多年冻土,而加格达奇等地多年冻土基本消失,成为季节冻土区。在中俄原油管道和伴行路(加漠/京漠公路 G111)或嫩林线铁路、嫩林线(牙克石—漠河)公路和铁路等交通网络沿线,过去 60 多年冻土南界长度可能北缩了50～150km，多年冻土总面积可能减少了20万km^2[从1960年至1970年的(38～40)×10^4km^2缩减到目前的(24～26)×10^4km^2]。在气候变暖和人为活动共同影响下，大兴安岭地区多年冻土退化逐渐加强。

人类活动对多年冻土的影响快速且剧烈。中俄原油管道沿线一地温孔地温曲线表明，2012年至2018年多年冻土上限下降，15m深度范围内的土体温度都有明显升高，由-0.7℃升高至-0.4℃，年均升温速率为0.05℃/a。而相同观测期内，天然孔年平均地温升温速率为0.033℃/a。漠河市霍拉盆地煤矿采区周围人为活动强烈，地温观测孔2015年至2020年间监测数据显示该孔地温明显升高，15m深度地温升高了0.04℃，由衔接多年冻土(多年冻土与季节冻结融化层之间相接)变为不衔接多年冻土(多年冻土与季节冻结融化层之间有融化夹层相隔)，且多年冻土下限抬升，厚度减薄。

(三)森林火灾与多年冻土退化

1.森林火灾对冻土的影响

随气候变化和人类活动的增加，大兴安岭林区森林火灾日益频繁，以人为火和雷击火为主，占大兴安岭地区火灾总数的83%。大兴安岭地区森林起火频度与全国其他森林区相比，并非多发地区，但大兴安岭地区森林林火的火源成灾率，特别是特大森林大火的成灾率较高，且远远高于全国。除此之外，大兴安岭地区森林过火率为19.2‰，远高于全国森林过火率(8.0‰)。森林火灾不仅会导致森林生态系统的演替，以及土壤碳迅速释放，还可能导致多年冻土的地温升高、地下冰融化、活动层加厚和冰缘灾害增多等不可逆退化，可能进一步引发热融喀斯特等现象。

森林火灾对浅层多年冻土层的土壤温度有显著影响，尤其在0～2.5m处更加明显。随火烧程度的增强，地温变化越明显，且火烧程度越强，地温越高。随着火烧后年份的增加，地温逐渐升高。火烧对地温的影响深度在火烧后8年就已经超过20m。从时间上看，火烧后1年地温降低，8年地温显著升高，年平均地温(16m)升高2.1℃；火烧后15年，地温升温速率趋于稳定，随后地温逐渐降低；火烧后30年，地温恢复明显，由火烧后8年在20m深度处最大温度差的2.1℃降低到0.7℃。火烧后30年，地温还没有恢复到火烧前的水平，影响深度仍然大于20m。随火烧程度增强，地表温度升高更快。变化最明显的是冬、夏季，其次是春、秋季。在夏季，地表温度表现为重度火烧点＞轻度火烧点＞未火烧点。在冬季，地表温度表现为重度火烧点＜轻度火烧点＜未火烧点，与夏季的情况相反。

林火对活动层厚度也有明显影响。林火发生后活动层厚度增加，而且随着火烧程度的增强而增厚。活动层的厚度随火烧年份的增加呈快速增加—缓慢增加—停止增加—逐渐恢复的过程。在火烧后9年，活动层厚度就可以由未火烧前的1.0m增加到3.8m。

2.森林火灾与冻土稳定性和生态演替

1)气温的变化

1991年9月至1992年8月局地小气候对比观测结果表明，山坡上火烧地气温全年有7个月(11月至次年2月和6—8月)高于天然林地。月平均气温，夏季火烧地高0.1～0.4℃，而冬季高0.6～1.1℃，只是在初春和秋末植物生长期始末出现相反的情况。从整个区域分析看，火灾后的区域年平均气温有所升高。据气象站资料计算，阿木尔1988年至1992年的平均值比1981年至1987年的平均值升高2.1℃，塔河站升高1.4℃，漠河站升高1.1℃，升温值与火灾严重程度成正比。因此可认为，大面积火灾对气温具有整体升温效应。

2)地温变化

根据1990年和1991年2个夏季的地温实测结果，5—10月坡地火烧地20cm深度的地温比天然地要高1.0～2.5℃，在5—6月和10月出现相反的情况。沼泽火烧地10～40 cm内的地温比天然地高

3.6℃,6—7 月可相差 4～7℃。各深度年平均地温值表明,无论是坡地还是沼泽地,火烧后地温均升高了,在坡地升高 0.2～1.3℃,在沼泽地升高 0.4～2.2℃,且在 1.5m 内自上而下增大。在1.5m深处(相当于最大季节融化深度或多年冻土上限处)达到最大值。

研究结果表明,森林火灾对多年冻土温度有显著影响,以活动层和浅层多年冻土层最为明显。随着火烧程度增强,地温逐渐升高。

3)土层含水率的变化

根据观测资料可将大兴安岭地区火烧地和天然地土层含水率的变化分成 2 个阶段:第一阶段为 6 月中旬至 7 月中旬以前,此时段火烧地土壤蒸发量较大,天然地树木蒸腾作用尚不强烈,林内土层含水率大;第二阶段为 7 月中旬至 10 月,正值植物生长期,树木的强烈蒸腾作用使天然林的含水率减小。如在沼泽里,天然林地的蒸散量为 10.92mm/d,而火烧地的仅为 5.99mm/d。对季节融化层年平均含水率总的影响是沼泽火烧地含水率大于天然地 20%,而在坡地上相差甚小。

4)季节融化(冻结)深度的变化

据 1990 年 5—8 月调查,沼泽区域火烧地的融化深度比天然地大 7～40cm。沼泽天然林地最大季节融化深度为 1.3m,火烧地为 1.9m。到达最大融深的时间天然林地为 9 月初,而火烧地则提前到 8 月中旬。天然林地季节融化层冻透的时间为 12 月初,而火烧地要提前 1 个月。在坡地融区,最大季节冻结深度天然林地为 3.0m,火烧地为 2.8m,火烧地比天然林地浅 0.2m。这是季节冻结区年平均地温升高后季节冻结深度变小所致。到达最大冻结深度和冻结层融透时间分别为 3 月底和 7 月上旬,火烧地和天然林地几乎无差别。

研究表明,森林火灾发生后,多年冻土的活动层厚度增加,随着火烧程度的增强而多年冻土活动层的厚度逐渐增厚。随森林火烧后时间的推移,活动层厚度有一个快速增加—缓慢增加—停止增加—逐渐恢复的过程。

5)火烧迹地的生态演替

森林火灾过后,火烧迹地地温升高,土壤由酸性向中性转化,微生物活动旺盛,有利于有机质的矿质化和有效养分提高,促进植被恢复。与此同时严重的森林火灾引起冻土水热状况发生显著变化,加速冻土退化和生态环境恶化,不利于以兴安落叶松为优势种的针叶林恢复。在坡地上,原有的高温冻土在火烧后已经退化为季节性冻土或不衔接状多年冻土,隔水作用消失,加之坡地土层颗粒粗,水分不易保存,导致植被生长缓慢,高大乔木很难得到足够的水分而很难恢复,进而演化为以灌木和草本为主,而植被覆盖度的降低,进一步加速了多年冻土退化。森林火灾后地表层枯枝落叶完全烧毁,失去了对地表径流的调节作用,易形成地面径流和造成地面侵蚀。沼泽地火灾后多年冻土融化深度增大,土层含水率剧增,造成植物根系土壤过湿,植物通气条件差,在排水情况不良的情况下,森林沼泽中的乔木可能枯死,向草地沼泽或水体演化,进一步加剧沼泽化。

2007 年 8 月,1987 年的"5·6"森林火灾发生 20 年后,阿木尔地区火烧立木仍历历在目,沼泽地内植被以草本植物为主,少量白桦和山杨成为过火林地天然更新的先锋树种,狭叶杜香、笃斯越橘等灌丛群落已占优势,人工培植的落叶松树苗生长缓慢。在坡地上以稀疏的次生林和草地为主,植被覆盖度明显减小,个别地段已发展成碎石坡。大兴安岭地区火烧后,灌木和草本恢复较快,植被的覆盖度明显增加。林火后归一化植被指数(NDVI)值变化非常明显,火烧前,植被 NDVI 值非常高,火烧后,植被 NDVI 值明显降低。随着火烧年份的增加,植被 NDVI 值逐渐恢复。

(四)基岩类型与多年冻土退化

大兴安岭地区主要基岩类型为花岗岩类、陆源碎屑砂砾岩类、中酸性火山岩类等,变质岩类和中基性侵入岩分布面积较小。不同类型的岩石形成的大地构造环境不同,如花岗岩和火山岩一般形成于与造山运动有关的构造事件中,而沉积岩则一般形成于相对稳定的河湖体系内。不同的形成环境叠加后期的构造运动,加之不同岩石风化强度存在较大差异,形成了不同的地形地貌景观和生态系统类型。

大兴安岭地区花岗岩的形成时代主要为早古生代和中生代。花岗岩类易吸收热量,加之主要造岩矿物石英和长石的热膨胀系数不同,易发生风化。特别是古生代花岗岩由于遭受风化剥蚀的时间较长,因此地形多较为平坦。相比之下中生代花岗岩,风化剥蚀时间较短,地势较为陡峭,同时受多年冻土的影响风化程度不均一,多出现阳坡风化强、坡度陡峭,地表以粗颗粒土为主,土层相对较薄,持水能力较弱;阴坡风化弱、坡度平缓,地表以细颗粒土为主,且土层相对较厚。大兴安岭地区中酸性火山岩主要发育于中生代晚侏罗世—早白垩世,岩石风化剥蚀时间短,风化较弱,与花岗岩地区相似均呈现阳坡陡峭、阴坡平缓的趋势。这类地区地表植被多为以兴安落叶松为主的针叶林,多发育"气候单面山",即阳坡陡峭,植被以灌木和草本为主,山顶和阴坡平缓,植被以乔木为主。在多年冻土出现退化的过程中,阳坡由于土层薄,地表植被覆盖较薄,多年冻土退化严重,而阴坡由于土层厚,且地表植被覆盖较厚,多年冻土退化较为缓慢。大兴安岭地区沉积岩,主要出露中生代晚侏罗世—早白垩世的砂砾岩类,该期岩石主要形成于蒙古-鄂霍茨克洋闭合有关的前陆盆地,岩石在沉积过程中受一些列逆冲断层和后期逆冲推覆构造改造,多发育糜棱岩化和裂隙,因此岩石抗风化能力较弱,地表呈较为平缓的地形,地表土层较厚,主要发育针阔混交林-阔叶林和沼泽化湿地,这类地区多年冻土较为发育,受植被较为茂盛、地表覆被厚等因素的影响,多年冻土在该区域退化较为缓慢。

由此可知,大地构造演化决定了基岩类型,进而决定了区域地形地貌,其在气候条件和自然环境的共同作用下,形成了多年冻土和特殊的生态系统。基岩类型、多年冻土、生态系统三者互相制约、相互影响、协同演化。

三、多年冻土退化的生态环境效应

多年冻土退化的生态环境效应是指因多年冻土退化而产生的一系列严重危害生态及冻土环境与人类经济活动作用效果的总和。大兴安岭地区生态系统退化表现为以兴安落叶松占绝对优势的天然林带锐减,森林带北移,沼泽湿地面积减小,水土流失加剧,生物多样性减少等,其主要原因是区域冻土退化。大兴安岭地区多年冻土生态系统是由多因素组成的有机联系的整体,任何一个因子改变,所引起的变化或效应都具"一对多"的关系,这也就决定了大兴安岭地区生态环境的脆弱性,影响的广泛性,生态环境恢复的长期性和困难性。

(一)多年冻土退化对林区生态环境的影响

大兴安岭地区是我国典型的高纬度多年冻土区,也是我国北方最大的林区,其森林面积和蓄积分别占全国森林面积和蓄积的11%和14%。20世纪大规模森林采伐和经济建设活动,导致大兴安岭地区森林面积减少和蓄积量大大降低,进一步导致地温升高、季节融化层增厚、蒸发加剧,多年冻土出现明显退化,地下水位发生变化,改变了大兴安岭地区植物的生长条件,直接影响森林更新,导致林型变异,森林轮伐期增长等。通过对1987年"5·6"森林大火过火区观察,大兴安岭地区已出现天然林更新不良、林型变化大、人工更新成活率低、木材生产量下降等问题。其中多年冻土退化所引起的土壤水热条件改变是大兴安岭地区生态平衡破坏的重要原因之一。部分火烧迹地及多年冻土南界附近,林木在天然更新时,兴安落叶松林被白桦林取代,森林优势种属兴安落叶松生长南界已北移1~2°N,分布面积明显减小。

大兴安岭地区森林-湿地生态系统发育在多年冻土之上,多年冻土保护着腐殖质沼泽湿地,涵养着近百亿吨淡水。多年冻土退化后,短期内地表水聚集,会引发沼泽湿地面积的增加,但随着多年冻土的进一步退化,隔水作用消失,地表水下渗,沼泽湿地随之退化,面积缩减,水涵养能力下降。多年冻土退化和沼泽湿地萎缩造成湿地面积缩小、破碎化,并促使湿生的植物向中生生境演替(图3-12)。

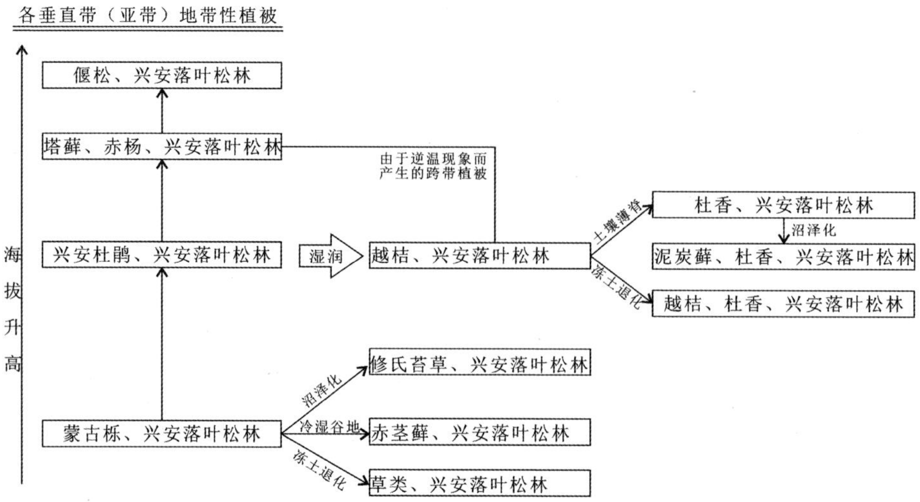

图 3-12　大兴安岭山区 11 个群丛或群丛组的相互生态序次或演替关系

（二）多年冻土退化对农牧区生态环境的影响

多年冻土退化首先改变了活动层厚度，导致活动层持水性和地表植被的类型发生变化，进而对农牧生产产生了较大的影响。以大兴安岭西坡多年冻土南界附近的呼伦贝尔高原为例，呼伦贝尔高原是由寒温带森林草原向草甸草原和草原的过渡带，该地段为农、牧、林业交错区，也是生态环境脆弱、环境变化的敏感区。在 20 世纪 70 年代以前，由古河道遗迹演变成的沼泽湿地面积较大，并发育岛状多年冻土。近几十年来，多年冻土退化、人口急剧增长和草场过牧等多种原因使该区生态环境遭到严重破坏，出现大面积草场退化、土地沙化等现象。此外，滥垦及沙质土草原变农田导致地表植被退化，缺乏植被地段的表层有机质被吹蚀后古沙翻新，形成斑状流沙和活动沙丘，使产草量下降，严重影响畜牧业发展。同时，松嫩平原北部，20 世纪 50 年代以前沼泽湿地和湖塘广布，发育岛状多年冻土。中华人民共和国成立后，因大力发展农业，大面积开荒种地，加之气候变暖，导致残留的多年冻土层逐渐消失，活动层透水性增强，土壤水的排泄能力增加，造成大部分沼泽湿地变干，部分农田也向轻度荒漠化发展。虽然目前荒漠化程度较低，沙化逆转与发展并存，但从 20 世纪 90 年代以后，沙化发展趋势已大于逆转趋势。“整体恶化，局部治理”是 21 世纪初期该区沙漠化土地变化的总趋势。沙漠化土地迅速发展将使该区生态环境面临严峻挑战。

（三）多年冻土退化对水环境的影响

多年冻土退化促使大兴安岭地区蒸发量和地表径流发生变化，影响区域水均衡状态。多年冻土退化首先影响活动层内的水分，进而影响到地表水和浅层地下水相互循环的径流过程。当多年冻土上限下降，季节融化层增厚，区域地下水下降。多年冻土层完全消融地区的地下水，由冻土层上水系统转化为非冻土区地下水系统、局部地段可造成地表水和地下水的补排关系发生倒置。多年冻土退化将导致阻隔地表水和地下水之间水力联系的冻土层消失，水力循环加快，有助于地下水补充，便于开发利用地下水资源。短期看多年冻土退化，地下冰融化成自由重力水，可增加地下水总资源量。随着多年冻土退化的持续，起隔水作用的冻土上限逐年下降，甚至消失，活动层蓄积的水分向深部渗流，地表积水流失，沼泽湿地干涸，土层温度升高，蒸发量加大，将进一步导致沼泽湿地面积缩小，湖塘水平面下降或枯干。特别是城镇居民点、工矿场地、大型企业及交通线路两侧，局部生态环境趋于干旱化。漠河市霍拉盆地，20 世纪 90 年代以来，随着人类经济活动的加剧，地表天然植被几乎被清除殆尽，根据气象监测和地温监测孔数据，盆地内年平均气温升高 1.2℃，多年冻土层年平均地温升高 0.2～0.5℃，多年冻土上限下降20～40 cm,总面积减少约10%。与此同时,多年冻土环境和生态系统受到严重破坏和损伤,沼泽湿地面积减少近50%,多年冻土厚度减薄或消失,深层地下水渗漏,地下水位下降15～25m,导致地下水位低于月牙湖底面标高9～10m,促使湖水下渗补充地下水,最终月牙湖于2012年湖水完全渗光,湖变干枯,部分地段发生沙化。

对霍拉盆地月牙湖布设两条十字高密度电法测量剖面(剖面编号分别为PM04-1和PM04-2,方位分别为178°和265°),根据测量数据处理结果及二维反演结果(图3-13、图3-14),PM04-1视电阻率异常在剖面上无明显分层,剖面两端湖岸存在2个小范围高阻区,反演视电阻率值在800～3300 Ω·m之间,据实地情况观察,月牙湖北部岸边高阻区为矿坑砂石料填料区,南部岸边地表草木发育,推测为岛状冻土或基岩。湖底未见明显高阻分布,反演视电阻率值在50～300 Ω·m之间,推测为砂岩。靠近南部岸边深部存在一个范围较大的低阻区,推测为湖底渗漏区。PM04-2视电阻率异常显示在月牙湖湖底东坡及西部岸边均存在不连续分布的高阻异常区,湖底地表与深部低阻区连通,即靠近湖底西部深部低阻区应为渗漏区。综合两条剖面电性特征及实地情况推测,月牙湖湖底多年冻土已基本消融殆尽,且渗漏区域集中在湖底西南深部,这是月牙湖水渗漏干涸的主要原因。

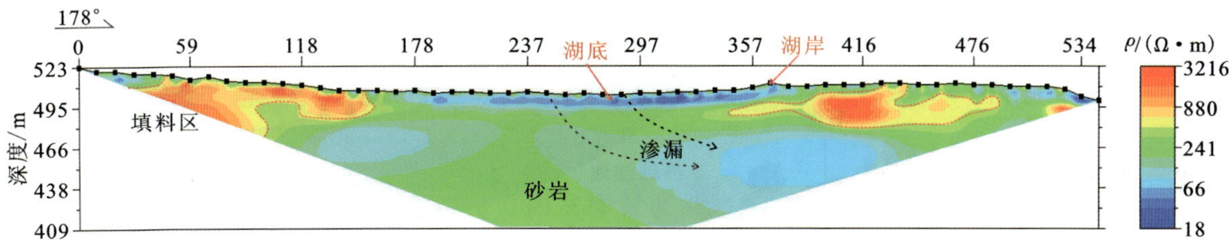

图3-13　月牙湖PM04-1高密度电法测量视电阻率二维反演推断地质断面图

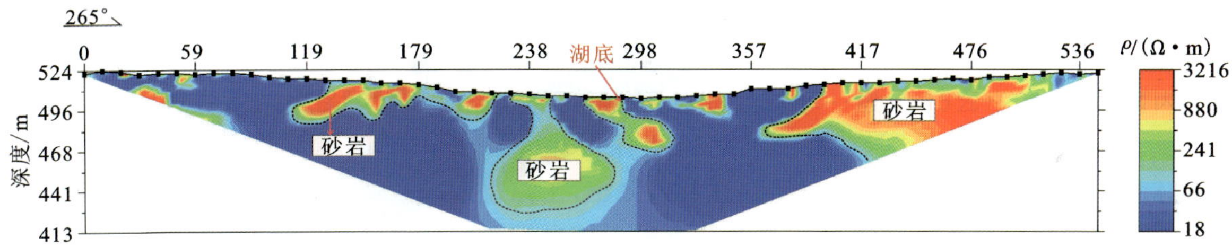

图3-14　月牙湖PM04-2高密度电法测量视电阻率二维反演推断地质断面图

此外,多年冻土层在形成历史中,封存了大量的重金属、微生物(病毒和细菌等)、POPs(含PAHs)等,以及巨量的碳氮。气候变暖和多年冻土退化情况下,这些封存的重金属、微生物和污染物及巨量碳可能迅速进入大气圈(如主要温室气体)和水系统(DOC和DON),对气候变暖和多年冻土退化形成正反馈,并威胁生态安全、水安全和公共卫生安全,严重影响大兴安岭地区生态安全屏障,甚至波及整个东北地区,以及华北地区的生态安全和供水安全。

四、多年冻土退化背景下的生态环境演化机制

生态系统演化是一个受自然地理和经济社会等多因子综合作用的复杂过程。大兴安岭地区森林、沼泽和多年冻土三者相互依存、协同发展,生态系统演化过程中,多年冻土的发育与退化起到了重要的作用。大兴安岭地区多年冻土退化将引起活动层变化,改变区域下垫面条件,造成沼泽湿地干旱化、草地沙化,进一步导致地面反射率增高,引起地面热量平衡和辐射平衡变化,使近地面大气层中对流作用降低,气候变干、热化、蒸发加剧,水资源消耗加大,改变了局部小气候,异常天气现象增多增强,导致生态系统类型发生转变(图3-15)。

表 4-1 大兴安岭地区生态地质单元分区

Ⅳ级单元	Ⅴ级单元	面积/km^2	地质及成土母质特征	生态系统特征	多年冻土特征	生态地质问题
Ⅰ3-a-1 中低山森林区	Ⅰ3-a-1-1 花岗岩针叶林区	6 296.56	侏罗纪花岗岩，少量下白垩统甘河组、光华组、瓦拉干组中基性火山岩；风化壳厚度中等—薄；棕色针叶林土	针叶林包括兴安落叶松、樟子松和白桦；灌木包括偃松、兴安杜鹃等；海拔高，人为扰动小；原生林	大片连续多年冻土	
	Ⅰ3-a-1-2 中酸性火山岩针叶林区	6 901.78	下白垩统光华组、甘河组、白音高老组、瓦拉干组中酸性火山岩；风化壳厚度较薄；棕色针叶林土	针叶林包括兴安落叶松、樟子松和白桦；灌木包括偃松、兴安杜鹃、杜香等；海拔高，扰动轻；原生林	大片连续多年冻土	
	Ⅰ3-a-1-3 中酸性火山岩混交林区	1 165.51	下白垩统光华组、甘河组中酸性火山岩；风化壳厚度较薄；棕色针叶林土	针阔混交林包括兴安落叶松、白桦、樟子松和山杨；灌木包括兴安杜鹃、杜香和笃斯越橘；人为扰动小；次生林	大片连续多年冻土	轻微森林退化
	Ⅰ3-a-1-4 中酸性火山岩混交林区	2 112.51	下白垩统光华组、奥陶纪花岗岩、侏罗纪花岗岩；风化壳厚度中等—薄；棕色针叶林土	针阔混交林包括兴安落叶松、白桦、樟子松；灌木包括兴安杜鹃、杜香和笃斯越橘；次生林	不连续多年冻土	森林和湿地退化，人类活动区轻度多年冻土消融
	Ⅰ3-a-1-5 花岗岩混交林区	2 583.29	白垩纪花岗岩、奥陶纪花岗岩、下白垩统光华组火山岩；风化壳由厚到薄均有发育；棕色针叶林土	针阔混交林包括兴安落叶松、白桦、山杨；灌木包括杜香和笃斯越橘；次生林	不连续多年冻土	森林和湿地轻微退化，人类活动区多年冻土消融
Ⅰ3-a-2 高丘森林区	Ⅰ3-a-2-1 中酸性火山岩阔叶林区	1 975.14	下白垩统光华组、瓦拉干组、甘河组中酸性火山岩、侏罗纪花岗岩；风化壳中等—薄；棕色针叶林土	阔叶林包括白桦、兴安落叶松和山杨等；灌木包括杜香和笃斯越橘；次生林	大片连续多年冻土	森林和湿地退化；人类活动区和工程区多年冻土消融
	Ⅰ3-a-2-2 基性火山岩阔叶林区	2 189.96	下白垩统甘河组、瓦拉干组基性火山岩、奥陶纪花岗岩；风化壳厚度中等—薄棕色针叶林土	阔叶林包括白桦、山杨、兴落叶松；灌木包括柴桦、笃斯越橘；次生林	大片连续多年冻土	森林和湿地出现退化，重大工程建设区多年冻土消融
	Ⅰ3-a-2-3 中酸性火山岩混交林区	5 305.43	下白垩统光华组、瓦拉干组中酸性火山岩、奥陶纪花岗岩、二叠纪花岗岩；风化壳厚度中等—薄；棕色针叶林土	针阔混交林包括兴安落叶松、白桦、樟子松和山杨；灌木包括兴安杜鹃、笃斯越橘；次生林	北部大片连续多年冻土，南部不连续多年冻土	森林和湿地出现退化；城镇和重大工程建设区多年冻土消融
	Ⅰ3-a-2-4 中酸性火山岩阔叶林区	2 129.05	下白垩统光华组、白音高老祖、甘河组中酸性火山岩、侏罗纪花岗岩，奥陶纪花岗岩；风化壳厚度中等；棕色针叶林土	阔叶林包括白桦、兴安落叶松、山杨；灌木包括柴桦、杜香和笃斯越橘；次生林	不连续多年冻土	森林和湿地出现退化；城镇区多年冻土消融

续表 4-1

Ⅳ级单元	Ⅴ级单元	面积/km²	地质及成土母质特征	生态系统特征	多年冻土特征	生态地质问题
Ⅰ3-a-3中低丘森林区	Ⅰ3-a-3-1砂岩针叶林区	1 767.26	上侏罗统漠河组砂岩、侏罗纪花岗岩、寒武纪花岗岩等;风化壳厚度大;棕色针叶林土	针叶林包括兴安落叶松、白桦和樟子松;灌木包括兴安杜鹃和笃斯越橘;次生林	大片连续多年冻土	城镇区多年冻土消融
	Ⅰ3-a-3-2砂岩阔叶林区	3 094.69	上侏罗统二十二站组、漠河组砂岩;风化壳厚度较大;棕色针叶林土	阔叶林包括白桦、兴安落叶松;灌木包括兴安杜鹃和笃斯越橘;次生林	大片连续多年冻土	
	Ⅰ3-a-3-3砾岩阔叶林区	3 381.54	中上侏罗统秀峰组、开库康组砾岩、下白垩统瓦拉干组中基性火山岩;风化壳厚度较厚,局部较薄;棕色针叶林土	阔叶林包括白桦、兴安落叶松和山杨;灌木包括兴安杜鹃和笃斯越橘;次生林	大片连续多年冻土	
	Ⅰ3-a-3-4砂岩阔叶林区	3 607.68	中上侏罗统二十二站组砂岩、下白垩统光华组、瓦拉干组中酸性火山岩;风化壳厚度较厚,局部较薄;棕色针叶林土	阔叶林包括白桦、兴安杜鹃、山杨、樟子松和蒙古栎;灌木包括杜香和笃斯越橘;次生林	大片连续多年冻土	森林和湿地轻微退化;人类活动强烈区多年冻土消融
	Ⅰ3-a-3-5花岗岩阔叶林区	4 580.53	奥陶纪花岗岩、二叠纪花岗岩、侏罗纪花岗岩、中上侏罗统绣峰组砾岩;风化壳厚;棕色针叶林土	阔叶林包括白桦、山杨、兴安落叶松、蒙古栎和樟子松;灌木包括杜香和柴桦;次生林	岛状多年冻土	森林和湿地轻微退化;多年冻土消融问题
	Ⅰ3-a-3-6花岗岩混交林区	6 921.99	二叠纪、奥陶纪花岗岩、下白垩统光华组、白音高老祖组中酸性火山岩;风化壳厚度不均;棕色针叶林土、暗棕壤	针阔混交林包括兴安落叶松、白桦、蒙古栎和樟子松,灌木包括柴桦、兴安杜鹃和杜香;次生林	岛状多年冻土	森林和湿地退化明显;多年冻土消融
	Ⅰ3-a-3-7基性火山岩混交林区	2 376.77	下白垩统甘河组、光华组中酸性火山岩;风化壳厚度较薄;棕色针叶林土、暗棕壤	针阔混交林包括兴安落叶松、白桦、蒙古栎、樟子松和山杨;灌木包括兴安杜鹃和杜香;次生林	岛状多年冻土	森林和湿地退化明显;城镇区、耕地区多年冻土消融
	Ⅰ3-a-3-8变质岩阔叶林区	1 638.39	奥陶—志留纪北宽河岩组、上志留统卧都河组、下泥盆统泥鳅河组浅变质岩、石炭纪花岗岩;风化壳厚度较大;暗棕壤	阔叶林包括白桦、兴安落叶松、樟子松和蒙古栎;灌木包括柴桦和兴安杜鹃;次生林	岛状多年冻土	森林和湿地退化明显;城镇区、耕地区等多年冻土消融明显
	Ⅰ3-a-3-9花岗岩阔叶林区	1 538.15	侏罗纪二长花岗岩、下白垩统光华组、甘河组中酸性火山岩;风化壳厚度不大;暗棕壤	阔叶林包括白桦、兴安落叶松和蒙古栎;灌木包括柴桦和兴安杜鹃;次生林	岛状多年冻土	森林和湿地退化明显;耕地区等多年冻土消融明显

续表 4-1

Ⅳ级单元	Ⅴ级单元	面积/km^2	地质及成土母质特征	生态系统特征	多年冻土特征	生态地质问题
Ⅰ3-a-3 中低丘 森林区	Ⅰ3-a-3-10 火山岩 阔叶林区	5 327.85	下白垩统甘河组、光华组、龙江组中酸性火山岩、侏罗纪二长花岗岩；风化壳厚度薄；暗棕壤	阔叶林包括白桦、兴安落叶松、山杨和蒙古栎；灌木包括柴桦和兴安杜鹃；次生林	岛状多年冻土	森林和湿地退化明显；耕地区等多年冻土消融明显
	Ⅰ3-a-3-11 花岗岩 阔叶林区	2 895.25	侏罗纪花岗岩、白垩纪花岗岩等；风化壳厚度中等；暗棕壤	阔叶林包括白桦、山杨、樟子松和蒙古栎；灌木包括柴桦和兴安杜鹃；次生林	岛状多年冻土	森林和湿地退化；城镇、耕地区多年冻土消融
	Ⅰ3-a-4-1 泥砂砾质 河谷平原 湿地生态 亚区	15 133.83	第四系土壤和砂砾石；沼泽土、草甸土	沼泽湿地；白桦、杜香、兴安杜鹃，少量白桦、兴安落叶松、柳树		湿地出现明显退化；城镇区多年冻土消融强烈

(一)中低山森林区(Ⅰ3-a-1)

中低山森林区位于大兴安岭地区西部，面积约 23 082.12km^2。多年平均气温$-2\sim5$℃，多年平均降水量 400～500mm/a。地貌单元以中—低山为主，高程 400～1500m，平均高程 800m，坡度较陡，尤以中部最为明显，可达 15°以上，受坡度影响，南北坡日照辐射能量差异较大，长周期可能会加大相应植被长势差别。土壤类型多为棕色针叶林土，并有多年冻土，仅在南部为暗棕壤，在山间沟谷中分布少量沼泽土和草甸土，厚度以中等—薄为主。水资源较为丰富，水质较好，有一定开发利用潜力。森林资源十分丰富，主要建群树种为兴安落叶松、白桦，北部零星分布有少量樟子松和云杉种群，中部及南段分布少量山杨种群。灌木类有兴安杜鹃、越橘、杜香、笃斯越橘等，分布于林下或单独生长于灌木草地等平坦地带。区内沼泽较少，主要分布于北部和南部地貌平缓区域。该分区内地势较高，人口稀少，冻土稳定性较强，生态地质条件和生态地质状况好。

(二)高丘森林区(Ⅰ3-a-2)

高丘森林区位于大兴安岭地区中西部，面积约 14 144.50km^2。多年平均气温$-2\sim5$℃，多年平均降水量 400～500mm/a，地貌单元以高丘为主，高程 300～1000m，平均高程 600m，北部坡度较缓，一般小于 15°，中—南部坡度较陡，一般大于 15°，受坡度影响，南北坡日照辐射能量差异较大，长周期可能会加大相应植被长势差别。土壤类型以棕色针叶林土为主，并有多年冻土存在，在山间沟谷中分布少，沼泽土和草甸土，厚度以中等—薄为主。水资源较为丰富，水质较好，有一定开发利用潜力。森林资源十分丰富，主要建群树种为兴安落叶松、白桦，中部和北部分布有少量樟子松和云杉种群，部分河谷地带可见桤木、钻天柳等。灌木类有兴安杜鹃、越橘、杜香、笃斯越橘等，分布于林下或单独生长于灌木草地等平坦地带。区内沼泽主要分布于北部及中—南部山间较平缓的沟谷处。该区地势相对较为陡峭，植被类型以针阔混交林为主，生物多样性较为丰富，生态地质条件较为优越，但该区人类活动较强，也是多年冻土人为扰动较强区域。

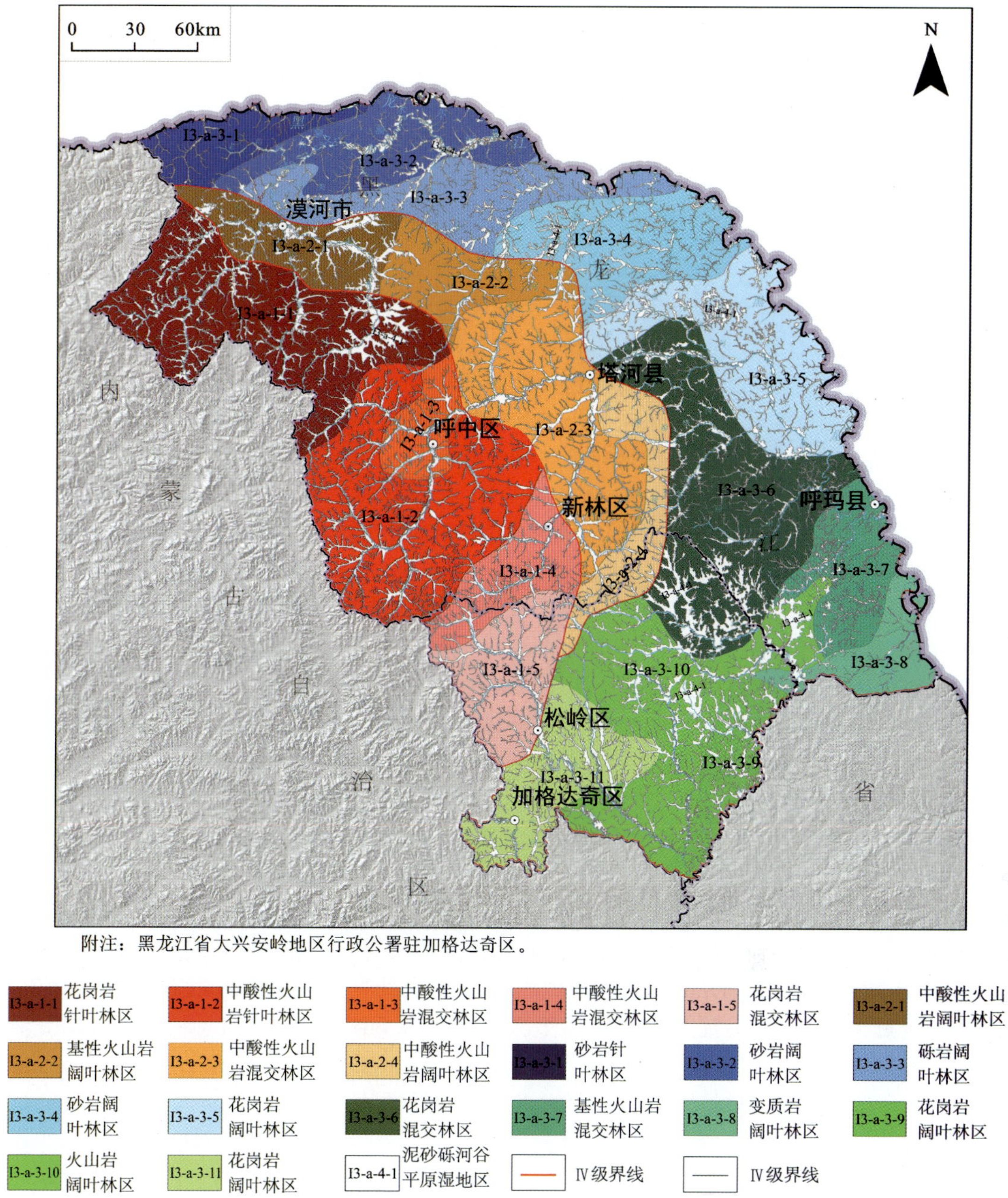

附注：黑龙江省大兴安岭地区行政公署驻加格达奇区。

图 4-1　大兴安岭地区生态地质单元图

（三）中低丘森林区（Ⅰ3-a-3）

中低丘森林区位于大兴安岭北—东部，面积约 45 696.60km²。多年平均气温－2～4℃，多年平均降水量 400～500mm/a，地貌单元以中低丘为主，高程 130～850m，平均高程 400m，山势缓和，坡度以小于 15°为主，河谷宽浅，区内大部分区域南北坡日照辐射差异不明显，对植被长势差异的影响较小。土壤类型以棕色针叶林土和暗棕壤为主，多年冻土与季节性冻土并存，其中棕色针叶林土分布于中—北部，暗棕壤分布于东-南部，在山间沟谷中分布少量沼泽土和草甸土，厚度以中等和薄为主，在中—南部分布有少量厚层土壤区。水资源较为丰富，水质较好，有一定开发利用潜力。森林资源较为丰富，主要建群树种为白桦、兴安落叶松，中部和北部分布有山杨种群，南部分布有较多的蒙古栎种群，部分河谷地带可见桤木、钻天柳等。灌木类有兴安杜鹃、越橘、杜香、笃斯越橘等，分布于林下或单独生长于灌木草地等平坦地带。区内沼泽分布较多，以山间沟谷为依托、分支交错，从北向南有增多趋势。该区主要地势平坦，地表植被以阔叶林为主，部分地势较为平坦的河流冲积扇、河漫滩和河流阶段被开垦为农田，生态系统相对于其他地区破坏较为严重。

三、Ⅴ级生态地质分区概况

(1) Ⅰ3-a-1-1 花岗岩针叶林区。该区位于大兴安岭地区西北部边缘，面积 6 296.56km^2，主要地质体为侏罗纪二长花岗岩、石英二长岩、花岗闪长岩，少量分布下白垩统甘河组、光华组、瓦拉干组中基性火山岩，风化壳厚度中等—薄，土壤类型为棕色针叶林土。主要植被类型为针叶林，优势种为兴安落叶松，其次为樟子松和白桦，灌木主要为偃松和兴安杜鹃等。该区海拔较高，人为破坏和扰动相对较小，以原生林为主，多年冻土发育，以大片连续多年冻土为主。

(2) Ⅰ3-a-1-2 中酸性火山岩针叶林区。该区位于大兴安岭地区西部，面积 6 901.78km^2，主要地质体为下白垩统光华组、甘河组、白音高老组、瓦拉干组中酸性火山岩，岩石形成时间短，风化较弱，风化壳厚度较薄，土壤类型为棕色针叶林土。主要植被类型为针叶林，优势种为兴安落叶松，其次为樟子松和白桦，灌木主要为偃松、兴安杜鹃和杜香等。该区海拔较高，且地势陡峭，交通不便，人为扰动小，以原生林为主，多年冻土发育，以大片连续多年冻土为主。

(3) Ⅰ3-a-1-3 中酸性火山岩混交林区。该区位于大兴安岭地区西部，面积 1 165.51km^2，主要地质体为下白垩统光华组、甘河组中酸性火山岩，岩石形成时间短，风化较弱，风化壳厚度较薄，土壤类型为棕色针叶林土。主要植被类型为针阔混交林，优势种为兴安落叶松和白桦，少量樟子松和山杨，灌木以兴安杜鹃、杜香和笃斯越橘为主。该区人为扰动小，主要以次生林为主，森林出现轻微退化(2015 年后逐渐恢复)，多年冻土发育，以大片连续多年冻土为主。

(4) Ⅰ3-a-1-4 中酸性火山岩混交林区。该区位于大兴安岭地区中西部，面积 2 112.51km^2，主要地质体为下白垩统光华组，其次为奥陶纪二长花岗岩、花岗闪长岩，侏罗纪花岗闪长岩，该区风化壳厚度中等—薄，土壤类型为棕色针叶林土。主要植被类型为针阔混交林，优势种为兴安落叶松和白桦，少量樟子松和山杨，灌木以兴安杜鹃、杜香和笃斯越橘为主。该区受到一定人为扰动，主要以次生林为主，森林和湿地出现一定退化(2008 年后逐渐恢复)，多年冻土类型为不连续多年冻土，人类活动区出现轻度多年冻土消融。

(5) Ⅰ3-a-1-5 花岗岩混交林区。该区位于大兴安岭地区西南部，面积 2 583.29km^2，主要地质体为白垩纪正长花岗岩、二长花岗岩，奥陶纪二长花岗岩，其次为下白垩统光华组酸性火山岩，新元古界兴安桥岩组中级变质岩等，岩石风化程度存在差异，风化壳厚度从厚到薄均有发育，土壤类型为棕色针叶林土。主要植被类型为针阔混交林，优势种为兴安落叶松、白桦和山杨，灌木以杜香和笃斯越橘为主。该区人类扰动较强，出现轻微森林和湿地退化(2008 年后逐渐恢复)，主要开垦为耕地，多年冻土类型为不连续多年冻土，人类活动区出现多年冻土消融。

(6) Ⅰ3-a-2-1 中酸性火山岩阔叶林区。该区位于大兴安岭地区西北部，面积 1 975.14km^2，主要地质体为下白垩统光华组、瓦拉干组、甘河组中酸性火山岩，其次为侏罗纪二长花岗岩、正长花岗岩，岩石风化较弱，风化壳厚度中等—薄，土壤类型为棕色针叶林土。主要植被类型为阔叶林，优势种为白桦，其次为兴安落叶松和山杨等，灌木以杜香和笃斯越橘为主，该区人类扰动较强，同时受森林火灾影响，出现一定的森林和湿地退化(2015 年后逐渐恢复)，主要转变为建设用地和未利用地，多年冻土类型为大片连续多年冻土，人类活动区和重大工程区出现多年冻土消融。

(7) Ⅰ3-a-2-2 基性火山岩阔叶林区。该区位于大兴安岭地区西北部，面积 2 189.96km^2，主要地质体为下白垩统甘河组、瓦拉干组基性火山岩，其次为奥陶纪二长花岗岩，火山岩风化弱，花岗岩风化较强，风化壳厚度中等—薄，土壤类型为棕色针叶林土。主要植被类型为阔叶林，主要为次生的白桦林，优

(一)评价因子的筛选

评价因子的筛选是评价中最为重要的环节,因子选择直接影响评价结果的准确性。本书生态地质脆弱性评价中,根据收集的资料和野外实地调查,结合数据的可靠性、获取的难易程度和影响的效果等,选取气象水文、成土母质和土壤、生物资源、地形地貌四大类,降水量、气温、含水岩组富水性、冻土稳定性、母岩抗风化程度、土壤厚度、重金属指标、龄组、树种类型、地形起伏度和日照强度11个小类(表4-2)作为生态地质脆弱性评价的指标,构建层次结构模型,采用变异系数法进行评价。

表4-2 大兴安岭地区生态地质脆弱性因子分类

气象水文				成土母质和土壤			地形地貌		生物资源	
降水量	气温	含水岩组富水性	冻土稳定性	母岩抗风化程度	土壤厚度	重金属指标	地形起伏度	日照强度	龄组	树种类型

(二)评价因子的定值

对各因子进行均一化处理后,便于在同一标准下进行脆弱性评价。本书生态地质脆弱性评价的11类因子可分为数据类和定义类。数据类因子有降水量、温度、地形起伏度、日照强度、重金属指标和土壤厚度等。定义类因子有地下水富水性、冻土稳定性、母岩抗风化程度、树种类别等。对于定义类因子,通过因子与脆弱性的相关关系,直接将要素的定义对应到定值体系中。同时数据类因子还可以分为有明确定义和无明确定义的数据。有明确定义的因子,在定值中以定义的值域为主要定值参考,数据分散情况为次要定值参考,无明确定义的因子采取线性归一化法处理,即

$$a_i=(b_i\times 10)/(b_{\max}-b_{\min}) \tag{4-1}$$

式中:a_i为数据评价指标对应值;b_i为数据实际值;$b_{\max}$为数据最大值;$b_{\min}$为数据最小值。

二、单因子评价

单因子评价,即根据生态地质脆弱性评价的各单因子定值标准将所有因子相关图栅格化并重新赋值,并进行单因子评价的过程。

(一)气象水文

气象水文条件是决定生态系统类型的重要因素,与生态系统中植被生长关系非常密切。对于大兴安岭地区来说,气候水文条件中降水量、气温、地下水富水性和冻土稳定性分别表征了生态系统所需的水热条件和赋存基质的稳定性。

1. 降水量单因子

降水量是指从天空降落到地面上的液态或固态水,未经蒸发、渗透、流失,而在水平面上积聚的深度。降水是区域水量的主要输入端,特别是降水入渗可以直接补给土壤,容易被植被利用。按照我国气候区划,年平均降水量大于800mm的地区属于湿润地区,自然植被是各类不同的森林,耕地以水田为主,水稻为主要粮食作物,土壤类型自南向北主要是砖红壤、赤红壤、红壤、黄壤、黄棕壤、棕壤、暗棕壤、黑土等,各

类植被生长水土条件俱佳；年平均降水量400～800mm的地区属于半湿润地区，自然植被为森林草原和草甸草原，是湿润地区森林带和半干旱地区草原带的过渡带，耕地大多是旱地，水田只分布在有灌溉的地区，土壤类型主要是黄褐土、黑钙土、栗钙土等，植被生长水土条件较好；年平均降水量200～400mm的地区属于半干旱地区，自然植被是温带草原，以旱地为主，包括内蒙古高原的中部和东部，黄土高原和青藏高原的大部，整个半干旱地区从东北向西南分布，该地区是我国最重要牧区，农业以畜牧业为主，植被生长水土条件一般，400mm等降水量线也是我国传统上农耕与游牧的分界线；年平均降水量50～200mm的地区属于干旱区，降水量少而变化率大，气温日较差和年较差皆大，蒸发量远远大于降水量，日照强，植被生长条件差，水分不足是限制植物生长的主要因素；年平均降水量小于50mm的地区属于极度干旱地区，为荒漠和沙漠地区。

大兴安岭地区年降水量在457～550mm之间，处在对植被正向影响的区间，区域降水量越大，对植被生长越有优势，按照上述降水量划分脆弱性级别，可分为＞800mm，400～800mm，200～400mm，50～200mm，＜50mm 5个等级，分别对应生态地质脆弱性评价的稳定、较稳定、中等、较脆弱和脆弱，通过以上分级，全区均处于较稳定区，不能详细刻画大兴安岭地区不同区域生态地质脆弱性。因此，本书采用从黑龙江省大兴安岭气象站收集的下辖7个气象站(加格达奇站、新林站、呼中站、呼玛站、塔河站、漠河站、北极村站)的年平均降水量数据，采用反距离权重法计算整个大兴安岭地区降水量分布，按照＞527mm，510～527mm，492～510mm，475～492mm，＜475mm划分出大兴安地区降水量相对脆弱性5个分级，采取归一法划分到1～10区间，确定大兴安岭地区降水量单因子脆弱性评价分级标准(表4-3)，分别赋值并转换成栅格文件，制作降水量单因子脆弱性评价图(图4-4)。

表4-3　大兴安岭地区降水量单因子脆弱性评价分级标准

得分/分	1	3	5	7	9
脆弱等级	稳定	较稳定	中等	较脆弱	脆弱
分类基础(降水量/mm)	＞527	510～527	492～510	475～492	＜475
分布面积/km^2	19 053.42	33 913.15	15 775.64	11 059.69	3 121.57
所占比例/%	22.98	40.9	19.02	13.34	3.76

大兴安岭地区降水量单因子生态地质脆弱性划分为稳定、较稳定、中等、较脆弱和脆弱5个等级，其中脆弱区位于漠河市大部和呼玛县东部，面积3 121.57km^2，占比3.76%；较脆弱区位于大兴安岭中部地区，面积11 059.69km^2，占比13.34%，稳定区和较稳定区位于加格达奇—新林区一带，两者面积合计52 966.57km^2，占比63.88%(表4-3)；中等区位于呼中地区南部和新林、松岭地区东部，面积15 775.64km^2，占比19.02%。整体看，对于降水量因子来讲，大兴安岭地区整体变化不大，降水量与生态系统之间处在较为平衡的状态，相对于全国其他地区降水量分布不均，大兴安岭地区处于相对较为稳定的区域。从整个大兴安岭地区来看，存在北部较南部脆弱的现象。

2.气温单因子

温度是影响生态系统中植物和微生物种类和变化的主要因素，是生态系统功能的决定性因素。大兴安岭地区属寒温带副极地大陆性气候区，年平均气温较低，在－0.10～3.68℃之间(依据大兴安岭地区7个气象站1980年至2019年数据统计)。相对较低的温度不利于植物生长，不利于整体森林区生态系统功能的发挥。所以温度因子与脆弱性呈正相关，温度越低脆弱性越强。因此，根据大兴安岭地区收集的7个气象站的年均气温数据，采用反距离权重法生成整个大兴安岭地区年均气温分布图，按照＞－0.28℃，－1.53～0.28℃，－2.25～1.53℃，－2.97～2.25℃，＜－2.97℃划分大兴安地区平均温度相对脆弱性5个分级，采取归一法将气温划分到1～10的区间内，最终确定了大兴安岭地区气温单因子

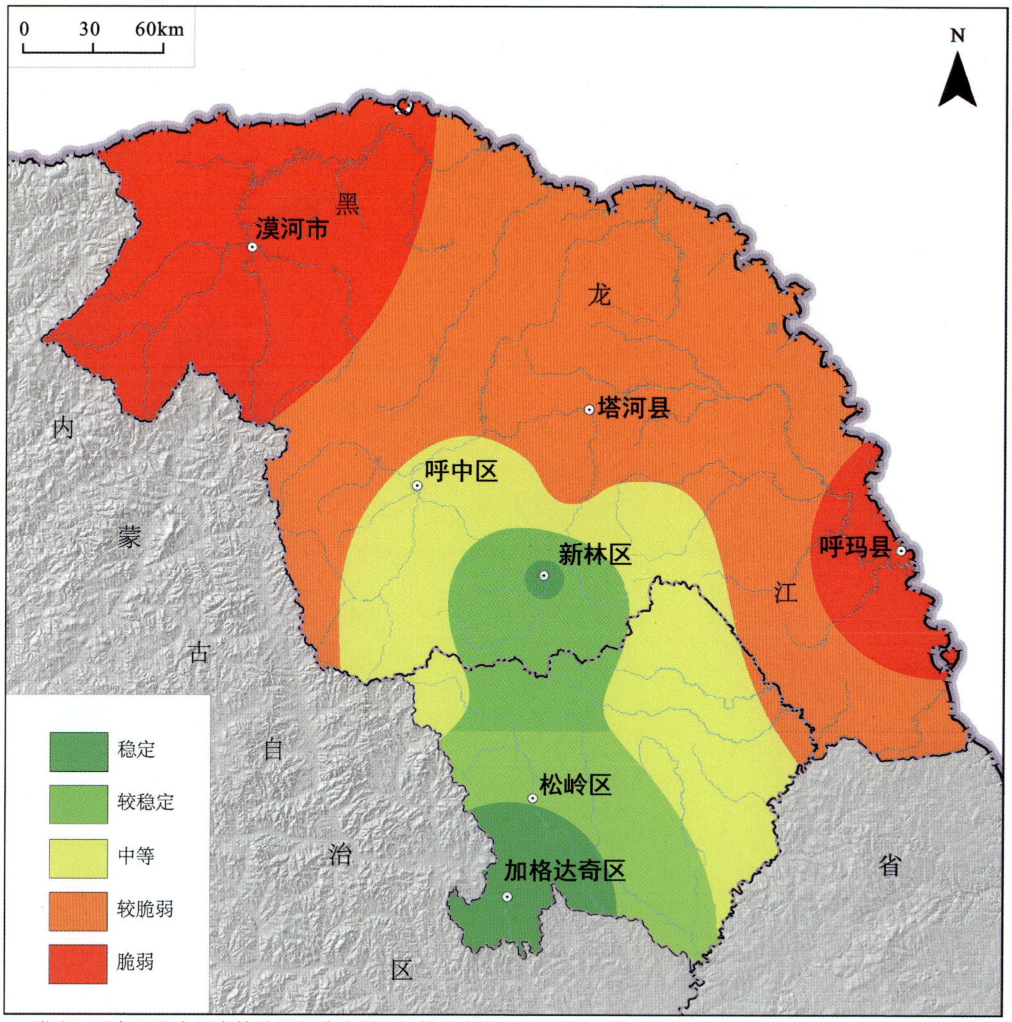

附注：黑龙江省大兴安岭地区行政公署驻加格达奇区。

图 4-4 大兴安岭地区降水量单因子脆弱性评价图

脆弱性评价分级标准(表 4-4)，分别赋值并转换成栅格文件，制作了气温单因子脆弱性评价图(图 4-5)。对于气温因子来讲，大兴安岭地区整体变化不大，虽然相对于全国，大兴安岭地区气温偏低，但该区气温与生态系统之间达到了较为平衡状态，处于相对较为稳定的区域。

表 4-4 大兴安岭地区气温单因子脆弱性评价分级标准

得分/分	1	3	5	7	9
脆弱等级	稳定	较稳定	中等	较脆弱	脆弱
分类基础/(℃)	>−0.28	−1.53～0.28	−2.25～1.53	−2.97～2.25	<−2.97
分布面积/km^2	53 056.05	12 731.4	19 350.49	29 574.82	15 961.17
所占比例/%	6.4	15.35	23.34	35.67	19.25

大兴安岭地区气温单因子生态地质脆弱性分为稳定、较稳定、中等、较脆弱和脆弱 5 个等级。从大兴安岭地区来看，北部气温因子较南部脆弱。其中脆弱区位于漠河市大部，面积 15 961.17km^2，占比 19.25%；较脆弱区位于大兴安岭中部呼中、新林和塔河县北部地区，面积 29 574.82km^2，占比 35.67%；中等区位于松岭区和呼玛县北部、塔河县南部，面积 19 350.49km^2，占比 23.34%；稳定区和较稳定区位

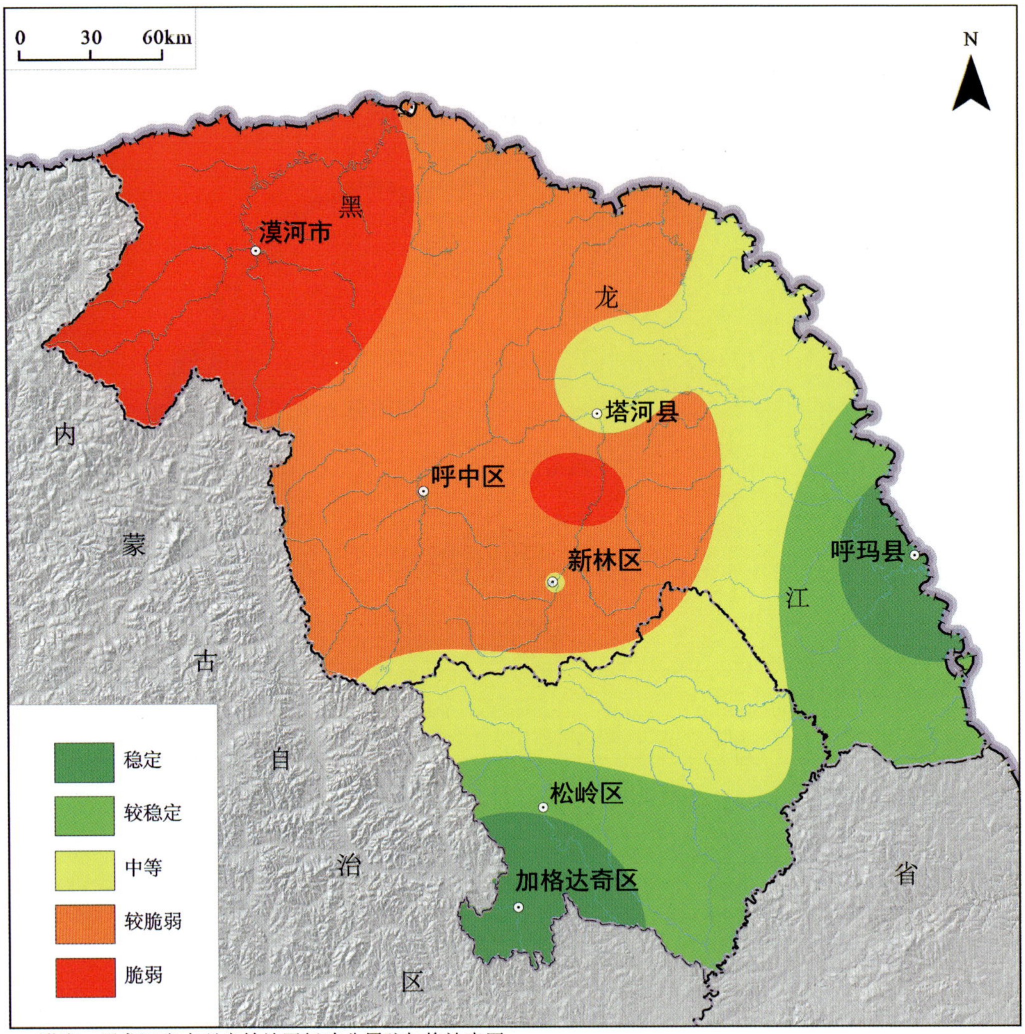

附注：黑龙江省大兴安岭地区行政公署驻加格达奇区。

图 4-5 大兴安岭地区气温单因子脆弱性评价图

于大兴安岭东南部，两者面积合计 65 787.45km^2，占比 21.99%（表 4-4）。整体看，大兴安岭地区温度单因子整体变化不大，但存在一定偏差，表现为西北部气温低、东南部气温高的现象。因此在大兴安岭地区内部进行的气温单因子脆弱性评价只是反映其内部的温度差异对生态系统的影响，不能与其他地区进行对比。

3. 含水岩组富水性单因子

含水层是指贮存地下水并在天然条件或人为条件下，能流出水的岩石。由于含水岩石大多是呈层状的，所以称为含水层，而一些复杂的含水层的组合称为含水岩组。含水岩组是指根据水文地质特征（水质、水温、富水性等）划分的水文地质单位，指含水特征相同或相近的岩层，归为同一含水岩组，多属于含水岩层的集合体，反映了地下水赋存的空间条件。含水岩组富水性是指含水层的出水能力，一般以规定统一口径井孔的最大涌水量表示，它是衡量地下水开采时，含水层出水量的标志，反映了地下水的丰富程度。

含水岩组富水性通常根据构造、岩性、地貌等主要因素来圈定，含水岩组富水性的等级划分要根据各含水岩组的结构、埋藏条件与补给来源等综合因素并结合勘探孔或生产井资料进行划分。在收集大兴安岭地区水文报告和水文地质图的基础上，进行整合改化，并根据地下水的赋存条件及其水力特征，将大兴安岭地区地下水划分为松散岩类孔隙水、碎屑岩类孔隙裂隙水、基岩裂隙水三大类。基岩裂隙水又分为构造裂隙水、风化裂隙水两种类型。同时，结合大兴安岭地区多年冻土发育特征，在连续多年冻土区和岛状多年冻土区，地下水又被分为冻土上层地下水和冻土下层地下水。植物能够直接接触并吸收的是冻土上层地下水，冻土上层地下水的富水性直接影响植物生长发育的水分来源。依据富水性分级标准将冻土上层含水层的富水性划分为富水性贫乏、富水性中等和富水性丰富 3 类（详见第二章第二节），据此最终确定了大兴安岭地区含水岩组富水性单因子脆弱性分为 3 个等级；按照 1～10 区间进行分别赋值，最终确定了含水岩组富水性单因子脆弱性评价分级标准（表 4-5），分别赋值并转换成栅格文件，制作了大兴安岭地区地下水富水性单因子脆弱性评价图（图 4-6）。

表 4-5　大兴安岭地区含水岩组富水性单因子脆弱性评价分级标准

得分/分	1	5	9
脆弱等级	稳定	中等	脆弱
分类基础	含水量丰富	含水量中等	含水量贫乏
分布面积/km^2	51 666.16	29 711.87	1 567.60
所占比例/%	62.29	35.82	1.89

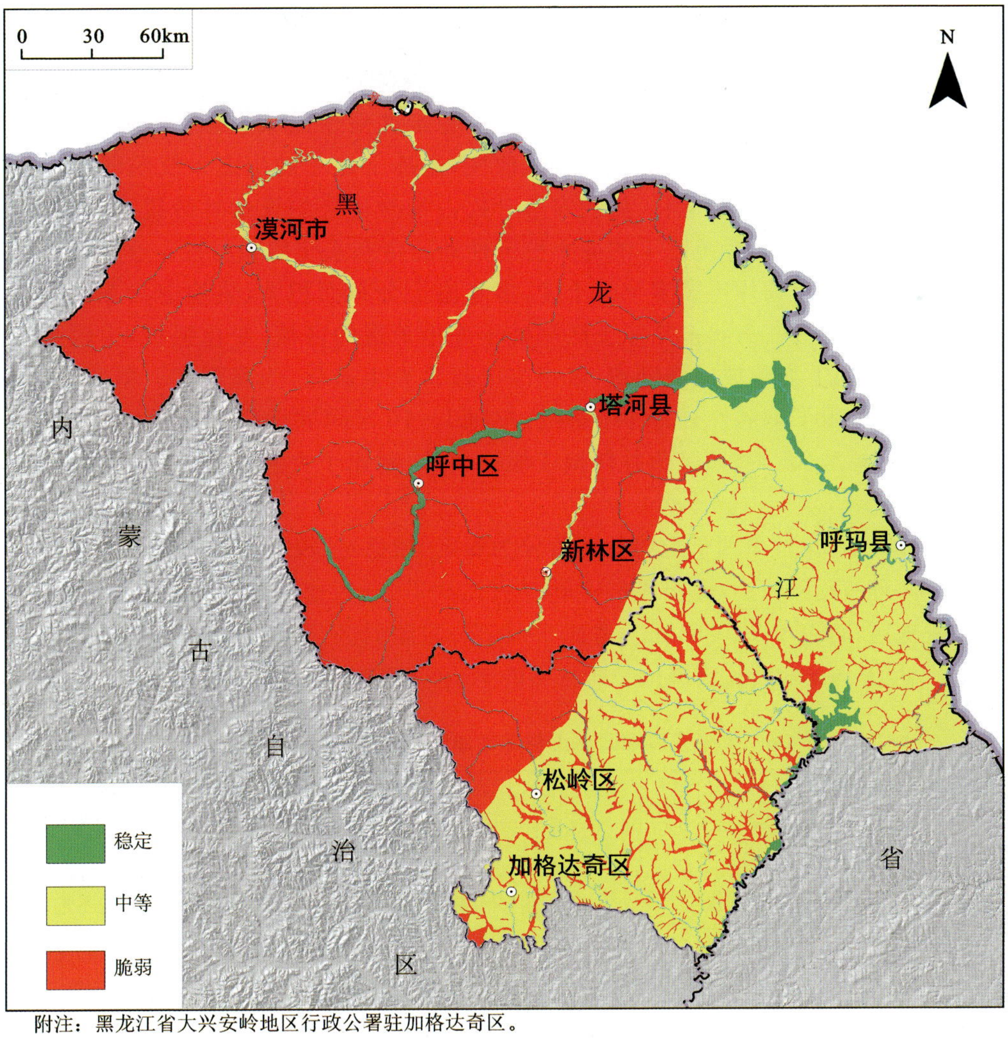

附注：黑龙江省大兴安岭地区行政公署驻加格达奇区。

图 4-6　大兴安岭地区含水岩组富水性单因子脆弱性评价图

大兴安岭地区含水岩组富水性单因子生态地质脆弱性分为脆弱、中等和稳定3个等级，以脆弱和中等占绝对优势，其中脆弱区主要分布在大兴安岭西北部的大部分地区，并零星分布于南部地区，面积1 567.60km²，占比1.89%；中等区主要分布在大兴安岭地区东南部地区，面积29 711.87km²，占比35.82%；稳定区占比较少，仅分布在呼玛河流域和呼玛县西南部地区少量地区，面积51 666.16km²，占比62.29%(表4-5)。

4.冻土稳定性单因子

大兴安岭地区是我国高纬度多年冻土发育的主要地区，该区多年冻土-森林-沼泽共同构成了该区主体生态系统类型，三者相互依存、相互作用、相互促进、协同演化，使得大兴安岭生态环境保持相对稳定状态。其中多年冻土是地表植被和森林沼泽的承载体，因此冻土的稳定性决定了地表生态系统的脆弱性。

大兴安岭地区冻土类型主要有季节性冻土、岛状多年冻土、不连续多年冻土和大片连续多年冻土。大兴安岭多年冻土的发育，对地表水分布、地形地貌和地表生态系统影响较大。冻土是一种对温度敏感和性质极易发生变化的地质体。多年冻土地区地表稳定性是指在自然和人为因素的影响下，地表水、热状态及生态系统抗干扰和恢复破损的能力。它一般指与土层冷生作用有关的地表形态、景观变化及斜坡稳定性，其变化大多表现为冻胀隆升、热融沉陷、热融垮塌、热融喀斯特和冻融泥流，以及对地表植被、地表水和建筑物的破坏等。近年来，随着全球气候变暖，大兴安岭地区的气温也在持续上升，加之区域人为活动日益加剧，导致多年冻土呈现自南向北的区域性退化趋势，多年冻土区南部表现为南界的北移、融区的扩大和多年冻土的消失，而北部表现为多年冻土下限的上移、活动层厚度增大及地温升高等。大兴安岭地区森林和沼泽湿地发育在冻土之上，冻土的稳定性对于区域生态格局有重要的影响。冻土的稳定性发生改变，可引起地表生态系统发生较大改变，是冻土之上的生态系统脆弱性的主要因素，多年冻土退化会导致寒区生态环境的恶化，如兴安落叶松占绝对优势的天然林带锐减、林带北移、沼泽湿地萎缩等。因此，可以根据生态系统之下的冻土稳定性划分生态系统的脆弱性。季节性冻土区，其上生态系统演化稳定，为稳定区；大片连续多年冻土区，多年冻土分布面积大，热稳定状态较为稳定，其上生态系统比较稳定，为较稳定区；岛状多年冻土区是处于冻土消退的区域，变化强烈，为较脆弱区；不连续多年冻土区，冻土在空间上变化波动最剧烈，多年冻土最易发生退化，为脆弱区。据此最终确定了大兴安岭地区冻土稳定性单因子脆弱性分为4个等级，按照1～10区间进行分别赋值，确定了冻土稳定性单因子脆弱性评价分级标准(表4-6)，赋值并转换成栅格文件，制作了大兴安岭地区冻土稳定性单因子脆弱性评价图(图4-7)。

大兴安岭地区冻土稳定性单因子脆弱性评价分为稳定、较稳定、较脆弱和脆弱4个等级，稳定区主要位于加格达奇南部，分布范围较小，面积226.07km²，占比0.27%；较稳定区主要分布在大兴安岭地区北西部，大兴安岭主脊地区，面积32 810.54km²，占比39.55%；较脆弱区，主要分布在大兴安岭地区东南部，面积32 378.67km²，占比39.03%；脆弱区位于新林—塔河地区，面积17 548.92km²，占比21.15%(表4-6)。

表4-6 大兴安岭地区冻土稳定性单因子脆弱性评价分级标准

得分/分	1	4	7	9
脆弱等级	稳 定	较稳定	较脆弱	脆 弱
分类基础	季节性冻土	大片连续多年冻土	岛状多年冻土	不连续多年冻土
分布面积/km²	226.07	32 810.54	32 378.67	17 548.92
所占比例/%	0.27	39.55	39.03	21.15

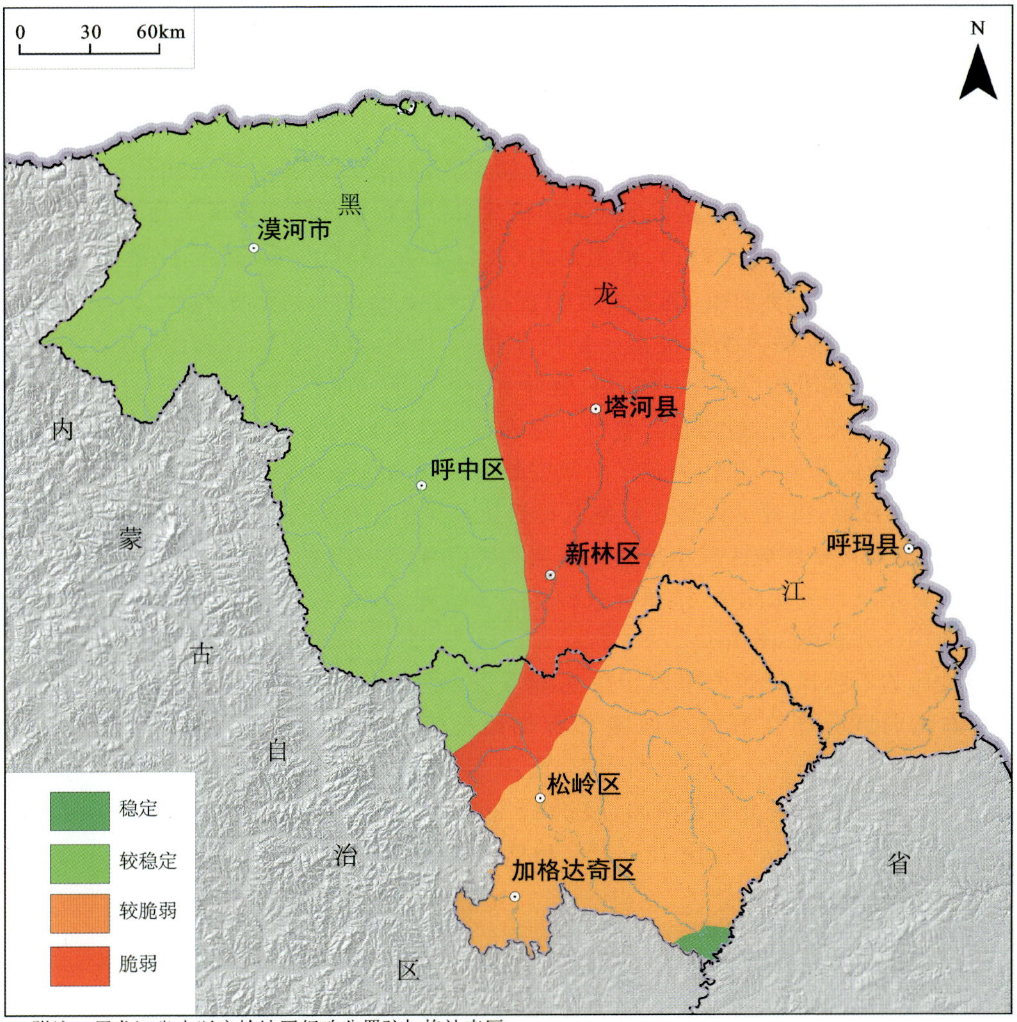

附注：黑龙江省大兴安岭地区行政公署驻加格达奇区。

图 4-7　大兴安岭地区冻土稳定性单因子脆弱性评价图

(二)成土母质和土壤

1.母岩抗风化程度单因子

地表岩石经风化作用使岩石破碎形成的松散碎屑，物理性质改变所形成疏松的风化物，即成土母质，是形成土壤的基本原始物质，是土壤形成的物质基础和植物矿物养分元素(除氮)的最初来源。因此，地表岩石的岩性与成土母质类型和土壤类型具有密切联系。而土壤是植物生长的载体和营养物质基础，植被又是生态环境和生态系统的重要评价指标。因此，基岩的性质对生态环境具有十分重要的意义。

基岩对成土母质的影响因素包括物理性质和化学性质，其中物理性质是其重要的影响因素，对地表成土母质厚度、结构和性质等具有决定性作用。主要体现为抗风化能力中和抗风化能力弱的岩石，容易风化成为成土母质，形成的成土母质较厚；而抗风化能力强的岩石，难以风化成为成土母质，形成的成土母质较薄。因此，根据大兴安岭地区基岩出露特点，参照工程地质岩组划分方案，结合岩土坚硬程度、结构以及物理力学性质，大兴安岭地区基岩抗风化能力和岩土坚硬程度、结构以及物理力学性质，将大兴安岭地区地层岩性划分为松散岩类、软岩组、软硬互层岩组、较坚硬岩组和坚硬岩组 5 种工程地质岩组，其抗风化能力由弱至强，对应生态地质脆弱性的稳定、较稳定、中等、较脆弱和脆弱 5 个等级。大兴安岭地区地层岩性出露较全,从中新元古代到新生代均有分布,岩性从沉积岩、变质岩、岩浆岩、火山岩均有发育。松散岩类主要为古近系—新近系孙吴组和第四系阶地及河流河漫滩松散堆积物;软岩组主要为元古宙变质岩和古生代、元古宙侵入岩类,包括兴华渡口岩群($Pt_{2\text{-}3}Xh.$)、查拉班河表壳岩(Pt_1c)、兴安桥岩组($Pt_{2\text{-}3}xa$)、门都河岩组($Pt_{2\text{-}3}m$)、高力沟岩组($Pt_3\text{-}\in_1 g$)、洪胜沟岩组($Pt_3\text{-}\in_1 h$)、三义沟岩组($Pt_3\text{-}\in_1 s$)、焦布勒石河岩组、塔河岩群($Pt_3\in_1 T$)、额尔古纳组(Ze)、佳疙瘩组和古生代侵入岩类、新元古代花岗岩类;软硬互层岩组主要包括古生代海陆相沉积岩和中生代陆源碎屑岩类,包括铜山组(O_1t)、多宝山组、裸河组(O_3lh)、卧都河组(S_3w)、根里河组($D_{2\text{-}3}g$)、泥鳅河组(D_2n)、大民山组(D_2d)、花朵山组($C_2\text{-}P_1h$)、洪水泉组(C_1hs)、林西组、老龙头组(T_1l)、土城子组($J_{2\text{-}3}t$)等;绣峰组、二十二站组、漠河组、开库康组等;较坚硬岩组主要为晚侏罗世—早白垩世火山岩,包括塔木兰沟组($J_{2\text{-}3}t$)、满克头鄂博组(J_3mk)、玛尼吐组、白音高老组(K_1b)、龙江组、光华组、甘河组、九峰山组、瓦拉干组、孤山镇组等;坚硬岩组主要为区内新生代侵入岩,包括晚三叠世—早侏罗世花岗岩($\gamma T_3\text{-}J_1$)和早白垩世花岗岩(γK_1)等。据此,根据大兴安岭地区基岩风化物制定了大兴安岭地区母岩抗风化单因子脆弱性分为5个分级,按照1～10区间进行分别赋值,得到了大兴安岭地区母岩抗风化能力单因子脆弱性分级标注(表4-7)。在地理信息系统中,根据大兴安岭地区成土母质的基岩类型和风化物组成等为基础数据,按表4-7中的岩石抗风化能力分级标准进行分级赋值,按照分级转化为栅格图像,得到了大兴安岭地区生态地质脆弱性岩石抗风化能力单因子评价图(图4-8)。

大兴安岭地区岩石抗风化能力单因子生态地质脆弱性划分为稳定、较稳定、中等、较脆弱和脆弱5个等级。其中脆弱区分布在漠河市西南部和加格达奇和松岭区南部,面积13 717.26km²,占比16.53%;较脆弱区主要分布在大兴安岭西南部,面积29 328.57km²,占比35.35%;中等地区主要分布在漠河市和塔河县北部及零星分布在南部,面积15 265.96km²,占比18.40%;较稳定区分布在大兴安岭地区中部,面积13 016.81km²,占比15.69%;稳定区主要分布在大江大河地区,面积11 635.51km²,占比14.02%(表4-7)。

表4-7 大兴安岭地区母岩抗风化单因子脆弱性评价分级标准

得分/分	1	3	5	7	9
脆弱等级	稳定	较稳定	中等	较脆弱	脆弱
分类基础	松散岩	软岩	软硬互层岩	较硬岩	坚硬岩
对应岩组	第三系孙吴组和第四系阶地及河流河漫滩松散堆积物	兴华渡口岩群、查拉班河表壳岩、兴安桥岩组、门都河岩组、高力沟岩组、洪胜沟岩组、三义沟岩组、焦布勒石河岩组、塔河岩群、额尔古纳组、佳疙瘩组和古生代侵入岩类、新元古代花岗岩类	铜山组、多宝山组、裸河组、卧都河组、根里河组、泥鳅河组、大民山组、宝力高庙组、洪水泉组、林西组、老龙头组、土城子组、绣峰组、二十二站组、漠河组、开库康组	塔木兰沟组、满克头鄂博组、玛尼吐组、白音高老组、龙江组、光华组、甘河组、九峰山组、瓦拉干组、孤山镇组	晚三叠世—早侏罗世花岗岩、早白垩世花岗岩
分布面积/km²	11 635.51	13 016.81	15 265.96	29 328.57	13 717.26
所占比例/%	14.02	15.69	18.40	35.35	16.53

2. 土壤厚度单因子

土壤是地球表面一层疏松物质,由各种颗粒状矿物质、有机物质、水分、空气、微生物等组成,能生长植物,是地表植被生长的直接载体。土壤是陆地生态系统的重要部分,是陆地生态系统的核心,是连接

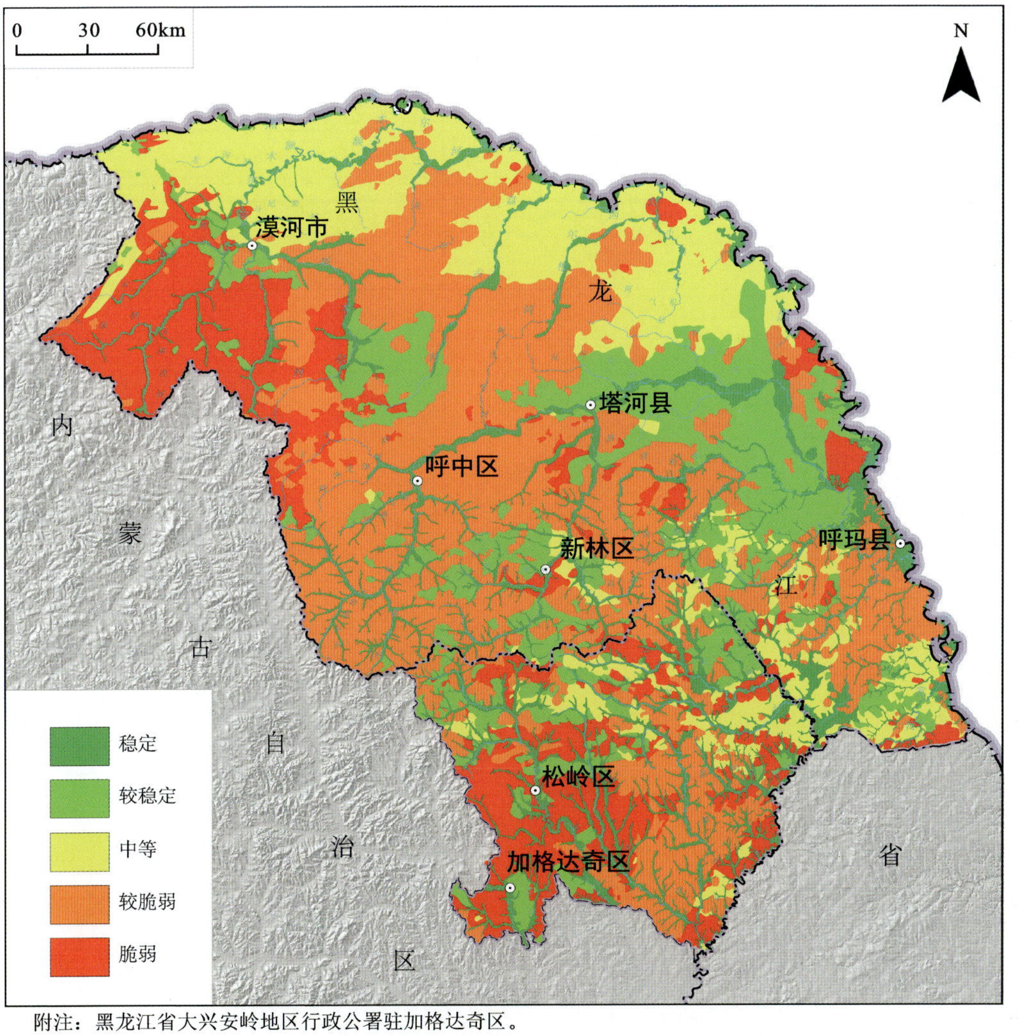

附注：黑龙江省大兴安岭地区行政公署驻加格达奇区。

图 4-8 大兴安岭地区母岩抗风化单因子脆弱性评价图

岩石和生态的桥梁和纽带。土壤对植物根系起到固定作用，同时能够为植物的生长提供必需的营养元素和水分，因此土壤对于整个陆生生态系统至关重要。同时，土壤还是很多动物和微生物的居住场所，土壤中的微生物对于动植物遗体的分解转化和固氮具有重要作用，这 2 个过程也是整个生物圈物质循环不可或缺的环节。因此，土壤是影响生态系统脆弱性的重要条件。土壤是一个非常复杂的系统，表征的因素众多，包括物理性质、化学性质、生物性质等，其中土壤的厚度决定了植被的立地条件，土壤厚度大，保水能力好，植被根系发育，长势较好，生态系统相对稳定。受多年冻土影响，大兴安岭地区冻土层上水埋深浅，不存在土壤厚度过大，导致地下水埋深过深情况。因此土壤厚度与生态脆弱性呈负相关关系。根据收集资料和本书调查将大兴安岭地区的土壤厚度按照 30cm 和 60cm 划分为厚、中、薄 3 个分级，按照 1～10 区间分别赋值，制定土壤厚度单因子脆弱性评价分级标准（表 4-8），将其转为栅格图像，得到大兴安岭地区土壤厚度单因子脆弱性评价图（图 4-9）。

大兴安岭地区土壤厚度单因子脆弱性划分为稳定、中等和脆弱 3 个等级，以中等区占优势，分布在大兴安岭地区大部，面积 54 933.45km²，占比 66.21%；其次为脆弱区，主要分布在呼玛县和新林区，面积 26 544.22km²，占比 31.99%；稳定区较少，主要分布在地势较为平坦的冲积平原附近，面积 14 864.43km²，占比1.79%（表 4-8）。

表 4-8　大兴安岭地区土壤厚度单因子脆弱性评价分级标准

得分/分	1	5	9
脆弱等级	稳 定	中 等	脆 弱
分类基础	厚(＞60cm)	中等(30～60 cm)	薄(＜30cm)
分布面积/km^2	14 864.43	54 933.45	26 544.22
所占比例/%	1.79	66.21	31.99

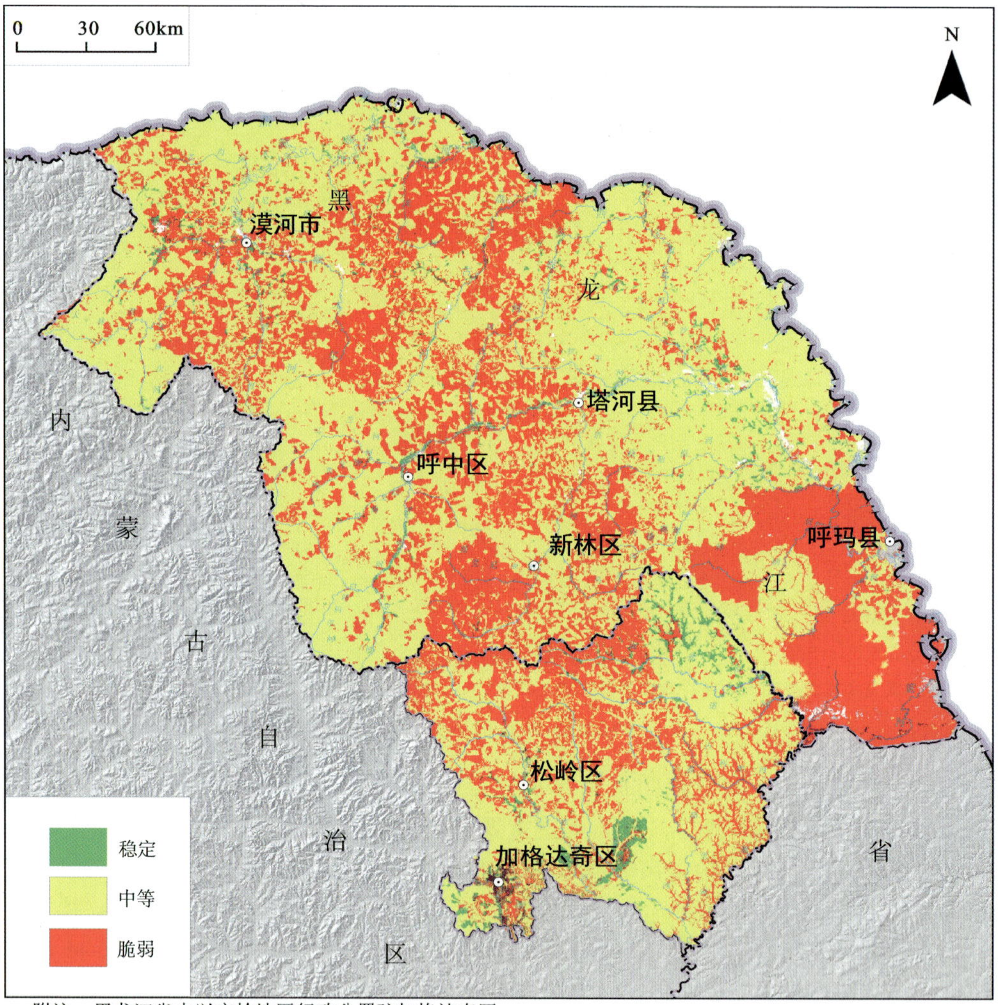

附注：黑龙江省大兴安岭地区行政公署驻加格达奇区。

图 4-9　大兴安岭地区土壤厚度单因子脆弱性评价图

3. 重金属指标单因子

重金属一般指密度大于 4.5 g/cm^3 的金属，如 Ag，Cu，As，Cd，Cr，Hg，Pb 等。土壤中的重金属会对植物产生一定的毒害作用，引起株高、主根长度、叶面积等一系列生理特征的改变。各种重金属元素在土壤中的富集对土壤动物的生成繁衍带来严重威胁。同时重金属对土壤酶活性影响巨大，在一定程度上使土壤环境状况发生恶化。微量重金属元素与人体生命过程有着密切关系，过量的重金属大多数都能够抑制生物酶的活性，破坏正常的生物化学反应。重金属可以通过空气、水、食物等渠道进入人体，产生遗传毒性、生殖毒性等，极大地影响人群的健康和可持续发展。根据收集的大兴安岭地区 1∶20 万水系沉积物测量数据，在地理信息系统中制作了 Hg，Cr，Cd，As，Pb 重金属单元素地球化学图，根据农用地土壤环境污染风险值和管控值对 Hg，Cr，Cd，As，Pb 等重金属元素进行单元素评价，在此基础上采用最低风险对 5 个重金属元素进行叠加确定重金属环境地球化学指标，其评价指标等同于单元素指标划分出的最差指标，即某一种元素被划定为存在风险，其他元素未存在风险，则判断为存在风险，即为脆弱，基于此将大兴安岭地区重金属元素指标单因子脆弱性划分为 3 个等级，得到了分级标准（表 4-9），按照分级将其转化为栅格图像，得到了大兴安岭地区重金属指标单因子脆弱性评价图（图 4-10）。

大兴安岭地区重金属指标单因子脆弱性划分为脆弱、中等、稳定 3 个等级。整体看，大兴安岭地区以稳定区为主，面积 79 984.62km²，占比 96.41%；中等区和脆弱区小面积零星分布，其分布主要与已知的矿床相吻合，如漠河市古莲煤矿—砂宝斯金矿一带，矿床（点）较为集中，重金属含量相对较高，为脆弱区—中等区，两者面积合计 2 979.49km²，占比 3.59%（表 4-9）。

表 4-9　大兴安岭地区重金属指标单因子脆弱性评价分级标准

得分/分	脆弱等级	分类基础						
		Hg $w_B{}^2/10^{-6}$	Cr $w_B{}^2/10^{-6}$	Cd $w_B{}^2/10^{-6}$	As $w_B{}^2/10^{-6}$	Pb $w_B{}^2/10^{-6}$	分布面积/km²	所占比例/%
1	稳 定	<1.8	<150	<300	<40	<90	79 984.62	96.41
5	中 等	1.8～2.5	150～850	300～2000	40～150	90～500	2 847.43	3.43
9	脆 弱	>2.5	>850	>200	>150	>500	132.06	0.16

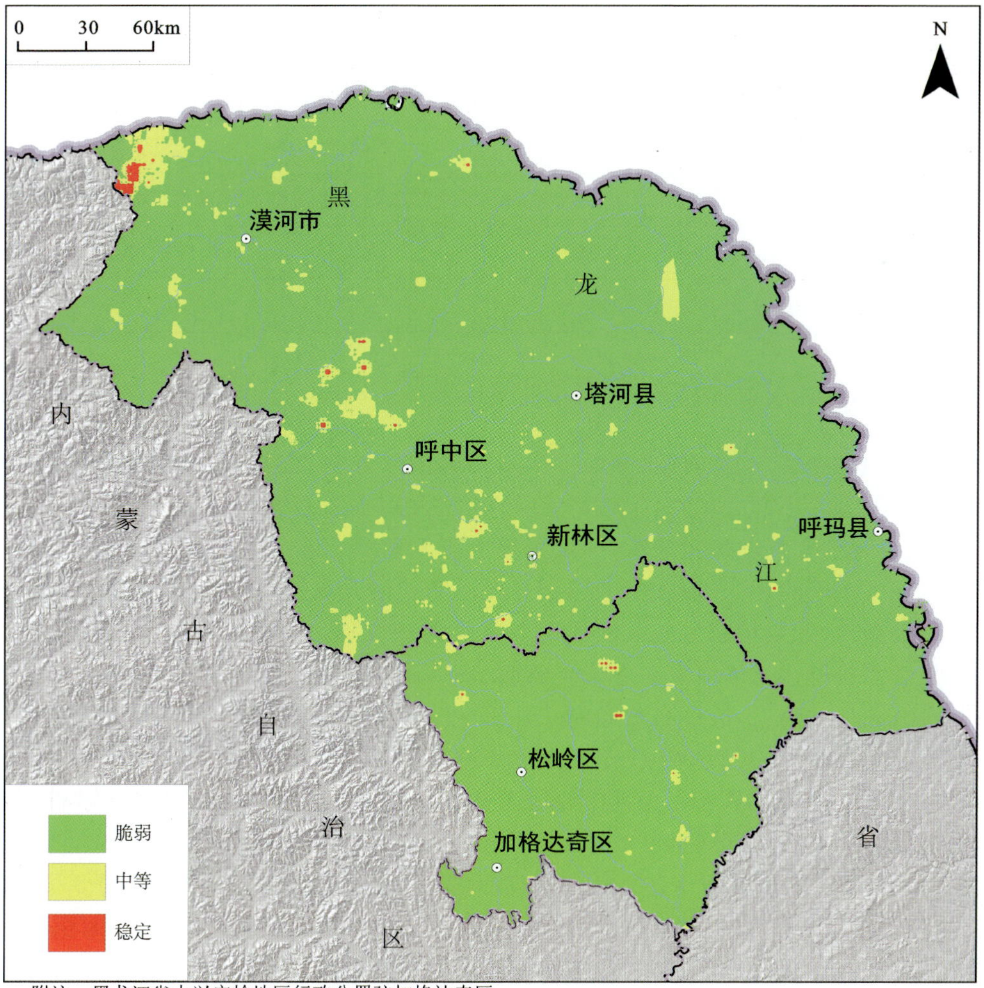

附注：黑龙江省大兴安岭地区行政公署驻加格达奇区。

图 4-10　大兴安岭地区重金属指标单因子脆弱性评价图

(三)地形地貌

1. 地形起伏度单因子

起伏度是地表单元起伏程度,通常把单位面积最高和最低海拔的差值称为起伏度。起伏度影响着地表侵蚀作用的强度,影响着水土流失、石漠化等的强度,对地表植被覆盖度、土壤层厚度等影响较大。起伏度越大,地表物质的不稳定性就越强,土壤越容易遭受侵蚀而变薄。起伏度不同,地表土壤的淋滤作用强度和方式不同,也影响着土壤的肥力状况。同时,起伏度还是影响生态系统连续性的重要因素,起伏度越大,连续性越差。因此,选用起伏度作为大兴安岭地区生态地质脆弱性评价指标之一。将大兴安岭地区起伏度单因子脆弱性分为5个分级,按照1～10区间分别赋值,制定了大兴安岭地区起伏度单因子脆弱性评价分级标准(表4-10)。以大兴安岭地区DEM为基础数据,在地理信息系统中通过起伏度分析得到大兴安岭地区起伏度图,按照分级将其转化为栅格图像,得到了大兴安岭地区起伏度单因子质脆弱性评价图(图4-11)。

大兴安岭地区起伏度单因子脆弱性划分为脆弱、较脆弱、中等、较稳定、稳定5个等级。整体来看,以稳定区和较稳定区占绝对优势,分布在大兴安岭地区大部分地区,两者面积合计75 996.89km²,占比90.19%;中等区主要分布在大兴安岭西部地区,面积7 763.07km²,占比9.21%;脆弱区和较脆弱区零星分布,两者面积合计506.41km²,占比0.60%(表4-10)。

表4-10　大兴安岭地区起伏度单因子脆弱性评价分级标准

得分/分	1	3	5	7	9
脆弱等级	稳 定	较稳定	中 等	较脆弱	脆 弱
分类基础/m	0～100	100～200	200～300	300～400	400～500
分布面积/km²	42 459.24	33 537.65	7 763.07	499.34	7.07
所占比例/%	50.39	39.80	9.21	0.59	0.01

2. 日照强度单因子

太阳总辐射量是指在特定时间内水平面上太阳辐射的累计值,太阳直接为地球提供了光、热资源,地球上生物的生长发育离不开太阳,对于植物生长而言,太阳辐射总量反映了光照强度,从而有利于光合作用,是各类植物光合作用的能量来源,一定程度上影响植物光合作用的效率,进而影响植物的生长发育和质量。但在大兴安岭地区过高的日照辐射(气温和地温升高)会导致冻土消融,水分过分蒸发,从而改变植被的立地条件,影响植物生长。根据生态地质调查发现,在同等条件下,较陡的山体南坡生态系统会由森林生态系统退化成草地生态系统。根据DEM数据,利用ArcGIS软件的日照辐射分析功能,计算出大兴安岭地区日照强度,按照自然间断点法分为＜84430kWh/(m²·a),844～920kWh/(m²·a),920～968kWh/(m²·a),968～1030kWh/(m²·a),＞1030kWh/(m²·a)5类,由低到高对应脆弱性5个分级。按照1～10区间分别赋值,制定了大兴安岭地区日照强度单因子脆弱性评价分级标准(表4-11);按照分级将其转化为栅格图像,制作了大兴安岭地区日照强度单因子脆弱性评价图(图4-12)。

将大兴安岭地区日照强度单因子脆弱性划分为脆弱、较脆弱、中等、较稳定、稳定5个等级。整体来看,大兴安岭地区日照强度脆弱性分级以中等为主,主要分布在大兴安岭东部和南部,面积37 656.45km²,占比45.40%;脆弱区和较脆弱区分布在大兴安岭西部和北部地区,两者面积合计26 576.87km²,占比32.04%;稳定区和较稳定区零星分布,两者面积合计18 707.33km²,占比22.56%(表4-11)。

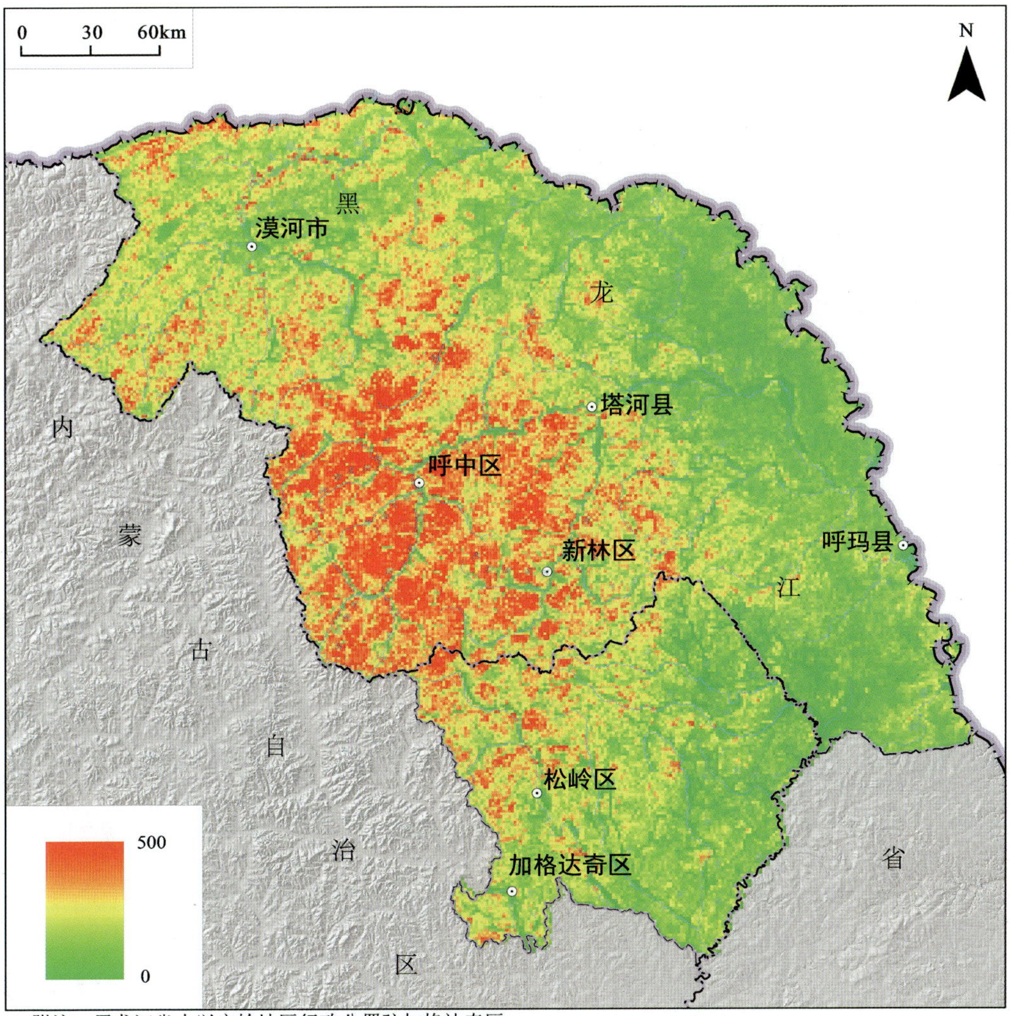

附注：黑龙江省大兴安岭地区行政公署驻加格达奇区。

图 4-11 大兴安岭地区地形起伏度单因子脆弱性评价图

表 4-11 大兴安岭地区日照强度单因子脆弱性评价分级标准

得 分/分	1	3	5	7	9
脆弱等级	稳定	较稳定	中 等	较脆弱	脆 弱
分类基础/($kWh\cdot m^{-2}\cdot a^{-1}$)	<844	844～920	920～968	968～1030	>1030
分布面积/km^2	2 860.05	15 847.28	37 656.45	19 442.86	7 134.01
所占比例/%	3.45	19.11	45.40	23.44	8.60

(四)生物资源

1. 树种类型单因子

生态环境作为地质环境的“屏障”,不同的生态系统,“屏障”能力不同,或者说“屏障”作为生态系统的一项生态功能,不同的生态系统有不同的“屏障”功能。各类生态系统中森林生态系统的“屏障”功能最强,

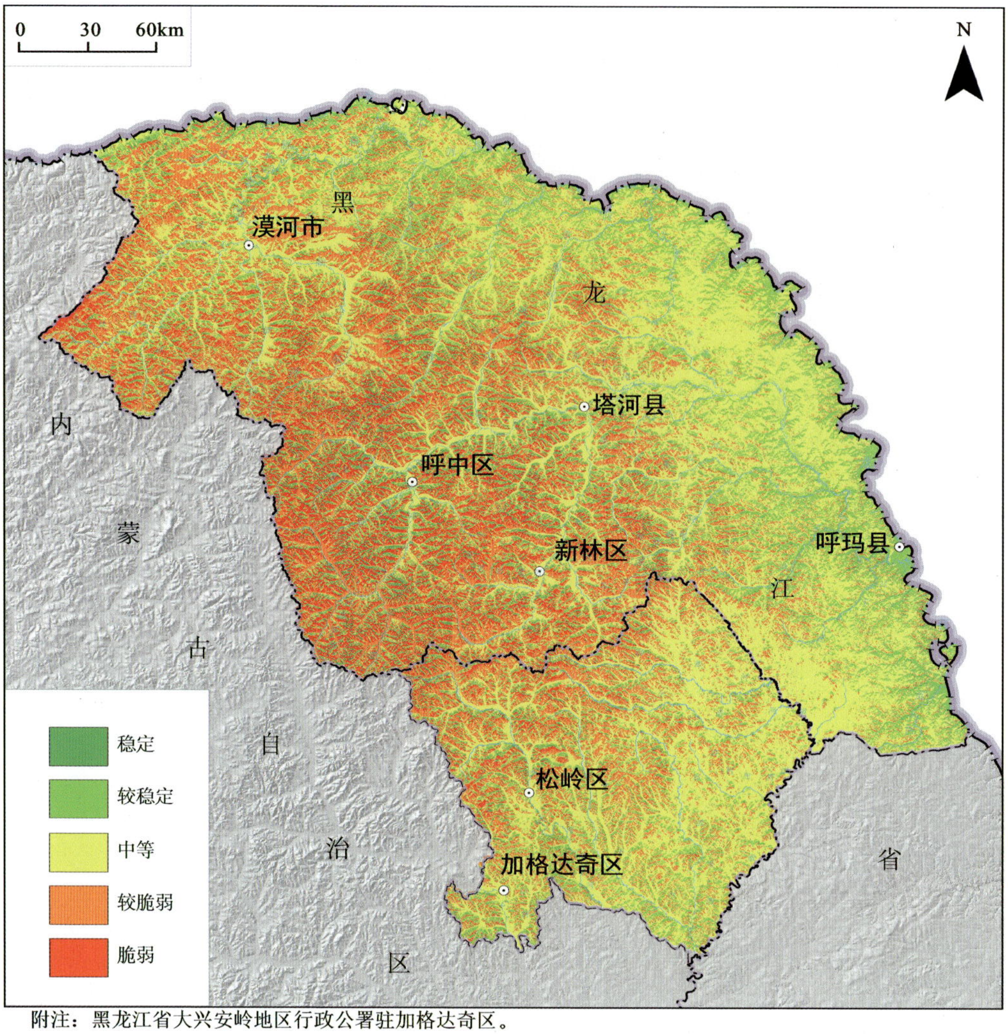

附注：黑龙江省大兴安岭地区行政公署驻加格达奇区。

图 4-12 大兴安岭地区日照强度单因子脆弱性评价图

城镇生态系统最弱。大兴安岭地区森林生态系统为主体，占据绝对优势，根据林种组成分为针叶林生态系统、针阔混交林生态系统和阔叶林生态系统，其中针叶林生态系统以兴安落叶松林为主，少量为兴安落叶松和樟子松组成的针叶林，极少部分地区为樟子松林；针阔混交林生态系统以兴安落叶松和白桦为主，少量樟子松、山杨、云杉等，在大兴安岭南部可见有蒙古栎；阔叶林生态系统以白桦林为主，其次为山杨林和山杨、白桦阔叶混交林，少量为山杨、白桦、蒙古栎混交林。生物多样性对生态系统稳定性具有重要意义，生物多样性越丰富，抵抗外界干扰的能力则越强。相对于大兴安岭地区来说针阔混交林稳定性大于针叶林，针叶林稳定性大于阔叶林稳定性，其主要原因大兴安岭地区气候寒冷，加之多年冻土发育，以兴安岭落叶松为主的针叶林与区域自然地理和环境有较高的契合度，因此导致针叶林较阔叶林更适应该区环境。在对大兴安岭地区进行遥感解译用地类型的基础上，结合收集的林业资料，根据树种类型制定了大兴安岭地区树种类型划分出针阔混交林、针叶林、阔叶林、灌木林地和无植物用地 5 个分级，分别对应树种类型单因子脆弱性分级，按照 1～10 区间分别赋值，得到了树种类型单因子脆弱性评价分级标准(表 4-12)，按照分级将其转化为栅格图像，并制作树种类型单因子脆弱性评价图(图 4-13)。

大兴安岭地区树种类型单因子脆弱性划分为脆弱、较脆弱、中等、较稳定、稳定 5 个等级。整体来看，大兴安岭地区树种类型以稳定区和较稳定区占绝对优势，分布在大兴安岭地区大部，主要分布在地势较高以针叶林为主的地区，稳定区多呈碎块状分布于较稳定区内部，两者面积合计 39 732.06km^2，占比 21.53%；中等区位于大兴安岭东北部和东南部，面积 31 108.43km^2，占比 37.50%；脆弱区和较脆弱区分布在大兴安岭南部和主要城镇等，以较脆弱区为主，两者面积合计 12 105.10km²，占比 14.60%（表 4-12）。

表 4-12　大兴安岭地区树种类型单因子脆弱性评价分级标准

得分/分	1	3	5	7	9
脆弱等级	稳定	较稳定	中等	较脆弱	脆弱
分类基础	针阔混交林	针叶林	阔叶林	灌木林地	裸地
分布面积/km²	17 861.45	21 870.61	31 108.43	1 525.04	10 580.10
所占比例/%	21.53	26.37	37.50	1.84	12.76

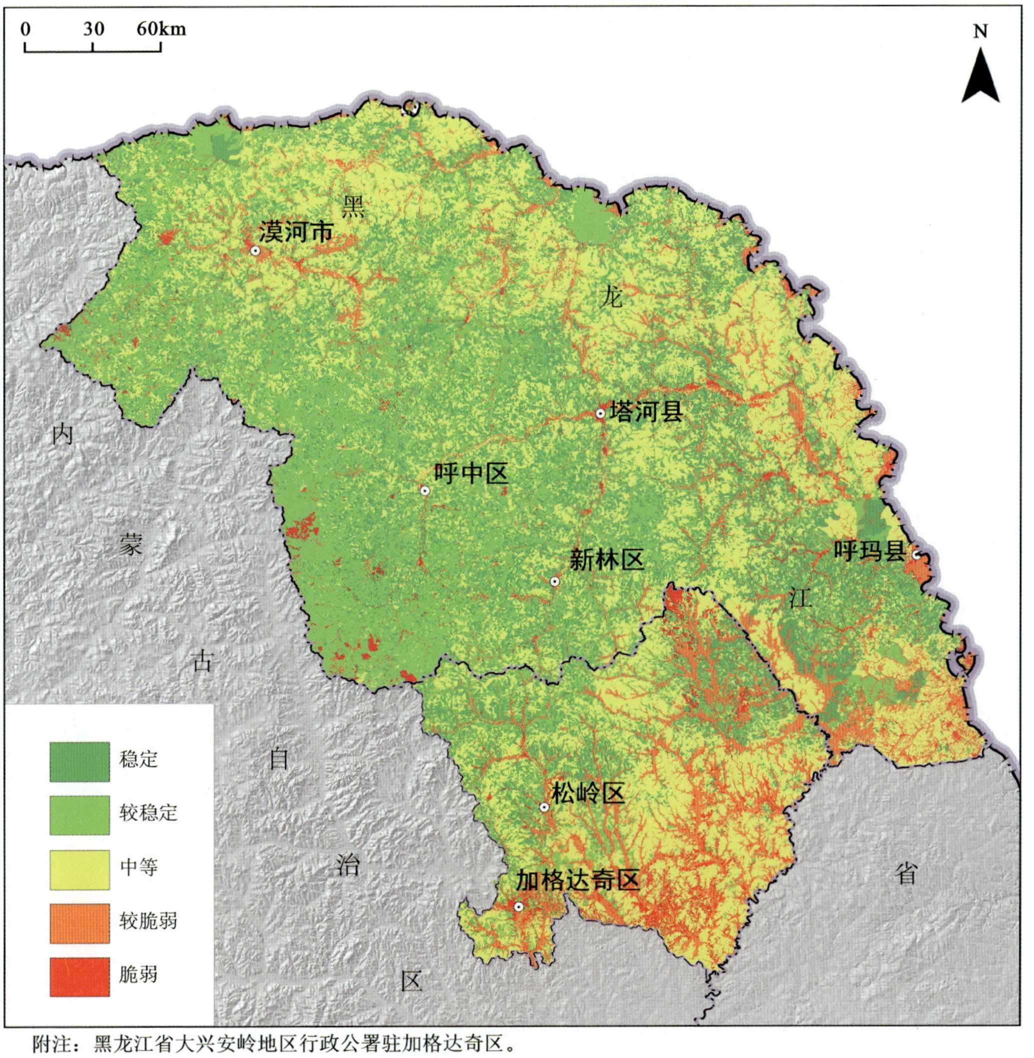

附注：黑龙江省大兴安岭地区行政公署驻加格达奇区。

图 4-13　大兴安岭地区树种类型单因子脆弱性评价图

2. 龄组单因子

植被成熟度对各生态系统的结构和功能的稳定性至关重要。在森林生态系统中森林龄组是植被成熟度的重要指标之一。不同龄组的森林的抗逆性不同，其生态脆弱性存在较大的差异。根据乔木林生长发育时期，林龄划分为幼龄林、中龄林、近熟林、成熟林和过熟林。其中，龄级指对林木按照林龄间隔一定的年限进行的分级，一般天然林每 20 年为一个龄级，人工林每 10 年为一个龄级。幼龄林是森林生长发育的幼年阶段，通常指Ⅰ龄级或Ⅱ龄级的林分；中龄林也叫壮龄林，指林龄为Ⅲ龄级至不超过Ⅳ龄级的林分，是林冠郁闭后至林分成熟前的时期；近熟林指生长速度下降，接近成熟利用的森林，通常指Ⅳ龄级的林分；成熟林指林木在生物学及工艺方面都已进入成熟，林木已达到完全成熟，直径生长已经非常缓慢，可以采伐利用的林分，通常指林龄为Ⅴ、Ⅵ龄级的林分；过熟林指林木生长停止，开始腐心，部分立木由于生理衰退而枯立腐朽，林分超过Ⅵ龄级。由此可知，林木在成熟度不断过渡的同时，其生物功能呈先上升后下降的趋势。在收集大兴安岭地区林业资料基础上，据此龄组制定了大兴安岭地区龄组单因子脆弱性评价分级标准(表4-13)，按照分级将其转化为栅格图像，并制作了龄组单因子脆弱性评价图(图4-14)。

表4-13 大兴安岭地区龄组单因子脆弱性评价分级标准

得分/分	1	3	5	7	9
脆弱等级	稳定	较稳定	中等	较脆弱	脆弱
分类基础	成熟	过熟、近熟	中龄林	幼龄林	裸地
分布面积/km²	6 426.00	12 020.57	41 456.70	11 214.01	11 828.37
所占比例/%	7.75	14.49	49.98	13.52	14.26

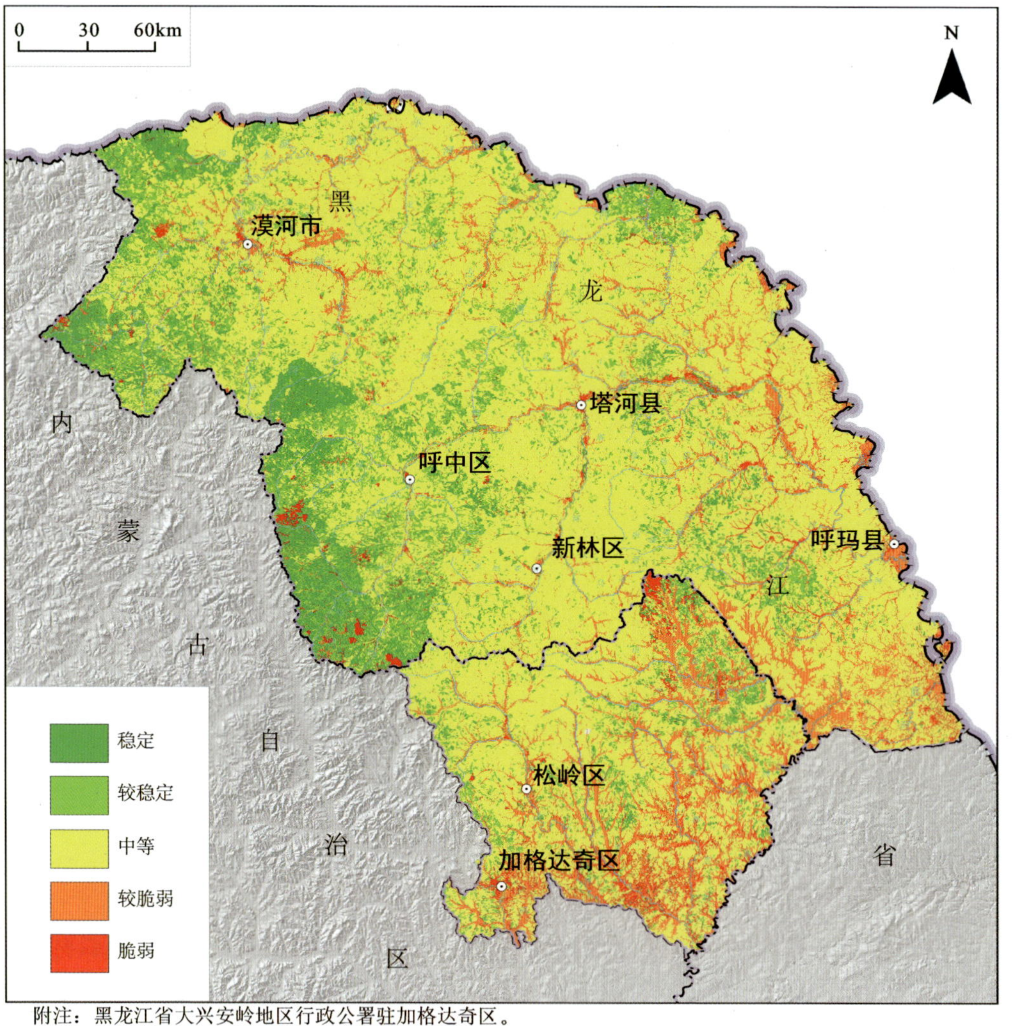

附注：黑龙江省大兴安岭地区行政公署驻加格达奇区。

图4-14 大兴安岭地区龄组单因子脆弱性评价图

大兴安岭地区龄组单因子脆弱性划分为脆弱、较脆弱、中等、较稳定、稳定5个等级。整体来看，大兴安岭地区植被成熟度以中等区为主，分布在大兴安岭地区大部，面积41 456.70km²，占比49.98%；稳定区和较稳定区位于大兴安岭西部和西北部地势较高、人类活动较少处和自然保护区内，稳定区面积6 426.00km²，占比7.75%；较稳定区面积12 020.57km²，占比14.49%；脆弱区和较脆弱区主要分布在城镇周边和沟谷、石海等地，多呈条带状和零星状分布于中等区内部，较脆弱区面积11 214.01km²，占比13.52%；脆弱区面积11 828.37km²，占比14.26%（表4-13）。

三、综合评价

单因子生态地质脆弱性评价只反映了某一单因子的生态地质脆弱性影响程度，不能真实全面系统地反映多种要素耦合作用下生态地质脆弱性情况。因此，需要对各单因子进行综合分析和评价，以便客观地反映不同地域生态地质脆弱性差异。

在单因子评价过程中发现，各因子对生态地质的作用和影响程度不同。因此在进行综合评价时，需要对单因子赋予不同的权重，再运用加权算法进行评价，进而得到大兴安岭地区生态地质脆弱性综合评价模型。

（一）单因子数据提取

单因子评价已将大兴安岭地区生态地质脆弱性评价的单因子量化成1～9，并赋予不同的脆弱性等级。利用单因子脆弱性等级数据在地理信息系统软件中形成数据栅格文件，在数据栅格的基础上对数据再次提取，得到各单因子数据分布情况，即得到了各单因子的脆弱性分级分布图。

（二）单因子定权

在进行生态地质脆弱性综合评价时，要全面考虑各单类因子的对综合评价的优劣条件，这时就要考虑不同的因子对生态地质脆弱性影响的重要程度，即权重。在前期工作中，曾采取简单的AHP层次分析法构建模型来确定各类单因子的权重，经过验证发现计算结果与实际情况存在一定的误差。导致误差的主要原因是：①不同景观对相同因子的敏感性不同，这导致当全区采用同一组权重时，同一因子在不同景观中会呈现相同重要性，从而不能反映实际情况；②因子与生态地质脆弱性的关系不是单一且线性的，当某一个因子接近或超出一定阈值时，将会成为生态地质脆弱性的主导要素，导致一些因子极值出现的区域评价结果与大兴安岭地区实际情况相差较大。

因此，本书采用建立在生态单元分类基础上的变异系数法来确定大兴安岭地区各脆弱性指标（即单因子）的权重系数，同时在变异系数法的基础上建立主控因子和次要因子组合的评价体系，针对不同生态单元，采取差异性评价，力求得到最符合实际情况的评价体系。

本书依据2018年遥感数据进行生态单元划分，大兴安岭地区主要的生态单元有森林生态单元、湿地生态单元和农田生态单元（图4-15）。

大兴安岭地区森林生态单元分布最为广泛，分布面积71 371km²，占全区总面积的86.02%；湿地生态单元分布面积9476km²，占全区总面积的11.42%；农田生态单元分布面积最小，为2116km²，占全区总面积的2.55%。

采取以生态单元为单位的评价方法，既提高了相同生态单元内部脆弱性的可比性，又不会因为某些单因子变化剧烈而导致权重偏大。各生态单元具有单独的权重系统，在一定程度上提高了评价方法的准确程度，同时也能通过评价结果对不同生态单元权重体系的合理性进行验证。

当需要比较数据离散程度大小时，如果数据的测量尺度相差太大，或者数据量纲不同，直接使用标准差来进行比较不合适，此时就应当消除测量尺度和量纲的影响，而变异系数可以做到这一点，它是原始数据标准差与原始数据平均数的比。通过变异系数法确定的权重既解决了数据量纲上的差异，又能够保证数据的客观性。计算公式为

$$W_j = \delta_j / (\bar{X}_j \times \sum \delta_j / \bar{X}_j) \tag{4-2}$$

式中：W_j 为第 j 个单因子对于生态地质脆弱性的权重值；δ_j 为第 j 个单因子的标准差；X_j 为第 j 个因子的平均值。

通过计算可得到林地、湿地和农田 3 种生态单元单因子权重（表 4-14）。

表 4-14　大兴安岭地区三类景观单因子权重

因子	生态单元								
	森林生态单元			湿地生态单元			农田生态单元		
	平均值(x)	标准差(δ)	权重(w)	平均值(x)	标准差(δ)	权重(w)	平均值(x)	标准差(δ)	权重(w)
重金属指标	1.162 2	0.824 5	0.151 3	1.084 2	0.587 2	0.129 7	1.032 4	0.358 7	0.096 2
地形起伏度	1.732 9	1.259 5	0.155 0	1.149 0	0.673 2	0.140 3	1.054 6	0.344 6	0.090 5
母岩抗风化	5.839 8	2.359 3	0.086 2	3.270 1	2.844 6	0.208 4	3.774 2	3.012 8	0.221 1
气温	6.138 1	2.229 4	0.077 5	4.914 4	2.295 2	0.111 9	3.075 9	1.493 1	0.134 5
日照强度	5.353 5	1.970 3	0.078 5	4.974 2	1.144 1	0.055 1	4.672 8	1.089 6	0.064 6
冻土稳定性	6.835 7	2.199 8	0.068 6	5.406 2	2.064 6	0.091 5	4.145 4	0.915 6	0.061 2
降水量	6.405 1	2.132 3	0.071 0	5.859 6	2.260 4	0.092 4	5.495 8	2.533 1	0.127 7
土壤厚度	6.147 4	1.915 3	0.066 4	6.111 7	2.161 5	0.084 7	5.945 9	1.928 0	0.089 8
含水岩组富水性	7.587 1	1.996 1	0.056 1	6.671 5	2.396 9	0.086 1	4.977 7	2.053 7	0.114 3
龄组	4.690 3	1.599 4	0.072 7						
树种类型	3.825 3	2.093 4	0.116 7						

在此基础上，针对森林、湿地和农田生态单元选取不同的主控因子和次要因子分析（表 4-15）。

表 4-15　大兴安岭地区三类景观主控因子分析

因子	森林	湿地	农田
重金属指标			主控
地形起伏度	主控		
母岩抗风化	主控	主控	主控
气温			
日照强度			
冻土稳定性		主控	主控
降水量		主控	
土壤厚度	主控	主控	主控
含水岩组富水性		主控	主控

续表 4-15

因子	森林	湿地	农田
龄组	主控		
树种类型	主控		

主控因子和次要因子权重在变异系数法的基础上进行重新分配。

$$W_i = (1 * w_i) / \sum_{i=1}^{n} (w_{主} * 1 + w_{次} * 0.5) i$$

将单因子的权重代入下式：

$$S_j = \sum_{i=1}^{n} c_i * w_i \tag{4-3}$$

式中：S_j 为 j 的栅格对应的脆弱性指数；c_i 为 j 的栅格中第 i 个要素的量数；w_i 为 j 的栅格中第 i 个要素对应的权重数。

1. 森林生态单元综合评价

采取变异系数法式(4-2)确定各单元要素权重分配(表 4-14、表 4-15)，利用式(4-3)进行计算，得到森林生态单元综合评价图(图 4-15)。在计算中，森林生态单元各类单因子相较于湿地生态单元和农田生态单元要额外考虑森林的树种类型和成熟情况。

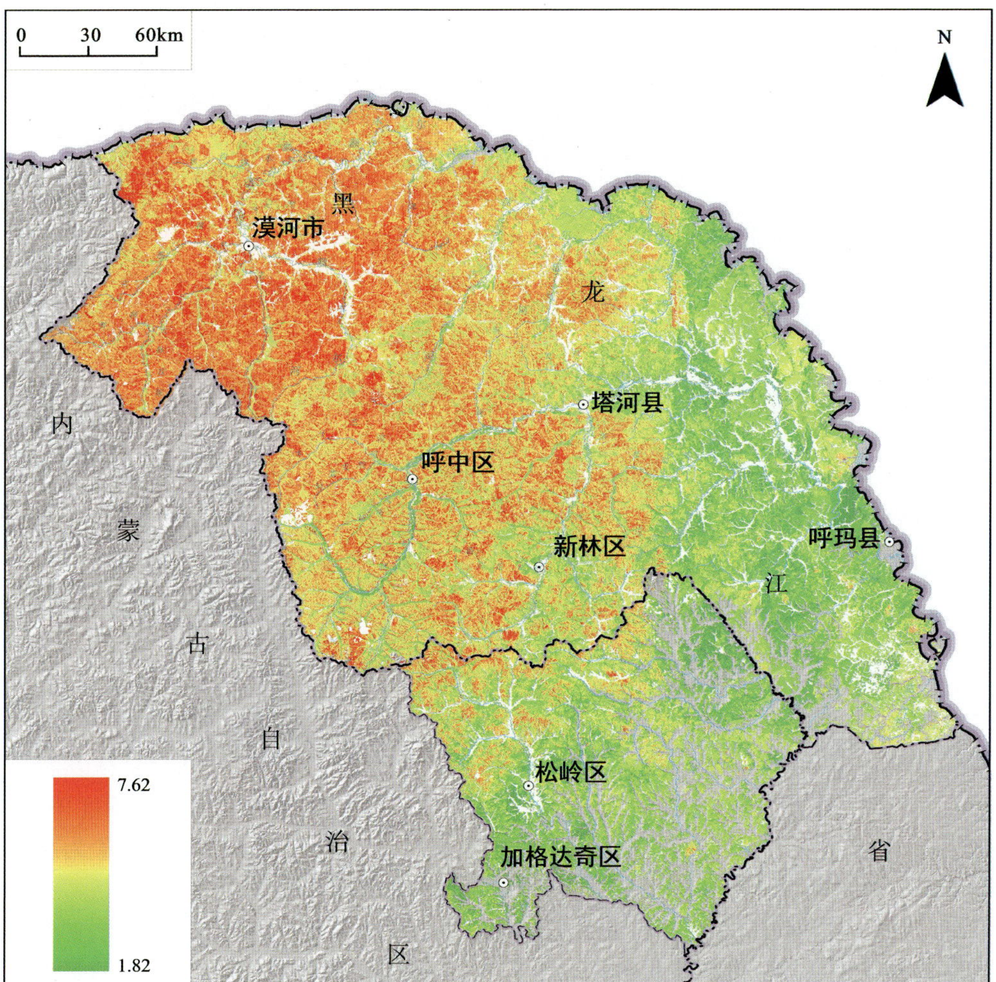

附注：黑龙江省大兴安岭地区行政公署驻加格达奇区。

图 4-15　大兴安岭地区森林生态单元评价图

森林生态单元对含水岩组富水性、坡度和重金属元素污染比较敏感。通过与单因子分区对比可以看出，低值区（即相对稳定区）主要分布在地形平坦、土壤肥沃、水源充足，易于植被生长的区域，例如沿江地带、部分河流的河谷平坦地带；高值区（即相对脆弱区）主要分布在地势陡峭、地表起伏较大、土壤瘠薄、水热条件较差地区，例如中低山和高丘山顶、山坡地带。

2. 湿地生态单元综合评价

湿地生态单元主要分布在河谷内，呈条带状穿插在森林生态单元中。根据表4-14中各单因子权重和表4-15中主控因子，利用式(4-3)进行计算，得到湿地生态单元的综合评价图（图4-16）。

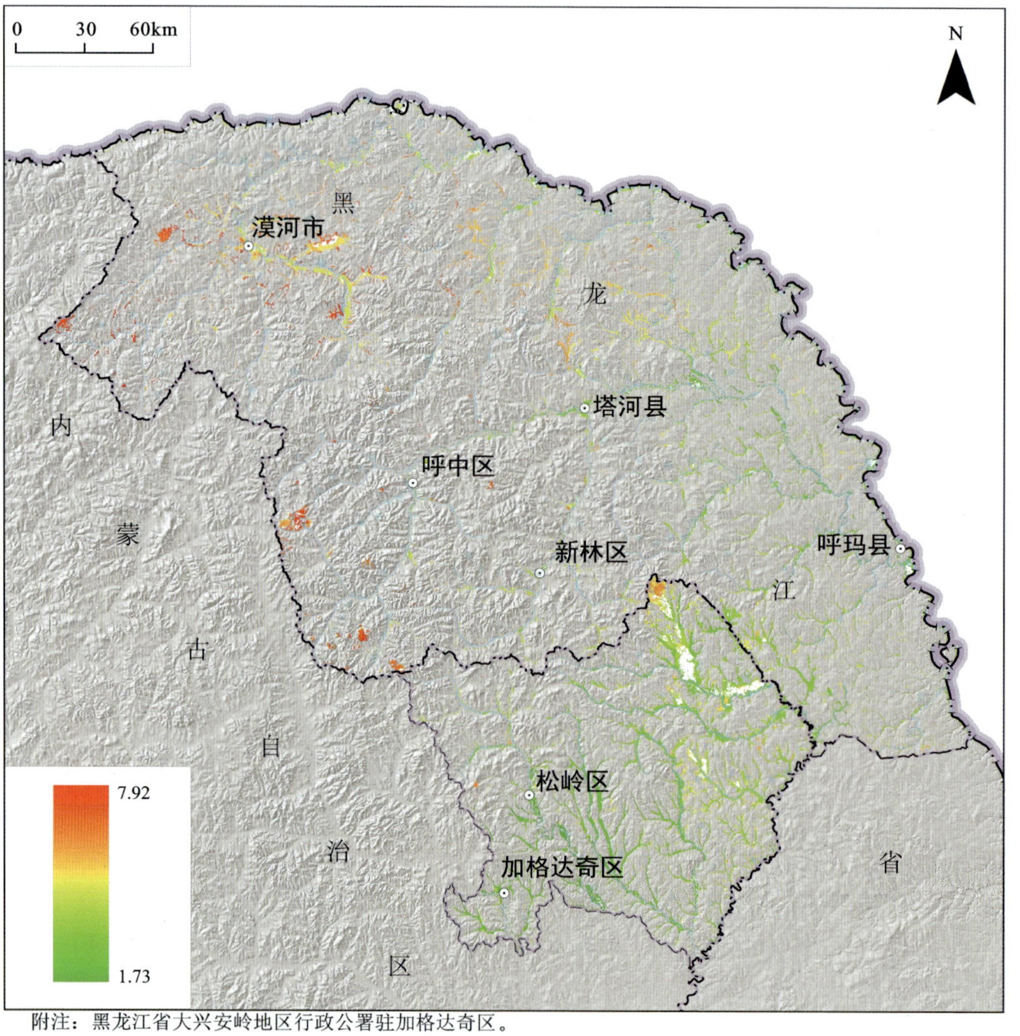

附注：黑龙江省大兴安岭地区行政公署驻加格达奇区。

图4-16 大兴安岭地区湿地生态单元评价图

湿地生态单元对母岩抗风化强度、气温、重金属指标和坡度比较敏感，但在绝大多数湿地发育的地带坡度、重金属指标和母岩抗风化程度都比较稳定，没有明显差异，只有在中低山地区发育的湿地，在母岩类型和坡度上差异较大，但这类区域面积较小。因此坡度、重金属和母岩抗风化程度单因子不会对湿地生态单元的脆弱性造成明显的影响。按照权重排序，湿地生态单元的主要影响因子为冻土稳定性、气温和降水量因子。

通过与单因子分区的对比可以看出，低值区主要分布于地形平坦、温度较高、降水量较大、水热条件较好，且具有稳定的水分来源，利于湿地生态单元的发育，北部分布于大型水系干流的平坦河谷，例如黑龙江干流、塔河干流；南部分布范围较广，分布于大部分河流的河谷地带。高值区主要分布在河源地带，侵蚀切割强烈，水热条件较差，不利于湿地生态单元发育的地区主要分布在大兴安岭地区东侧中低山区域。

3. 农田生态单元综合评价

受大兴安岭地区地形因素影响，农田生态单元空间分布上具有两种类型，南侧低丘区域地形平坦，河网密集，湿地发育，农田主要分布在河间地块，呈现碎块状分布；在中低山和高丘区域，地形起伏较大，农田一般沿河谷分布，一部分为湿地疏干改造农田，一部分分布在湿地外围，整体呈条带状分布。

根据表 4-14 中因子的权重和表 4-15 中主控因子，利用式(4-3)进行计算，得到农田生态单元综合评价图(图 4-17)，可以看出农田生态单元对母岩抗风化强度、气温、降水量和含水岩组富水性比较敏感。

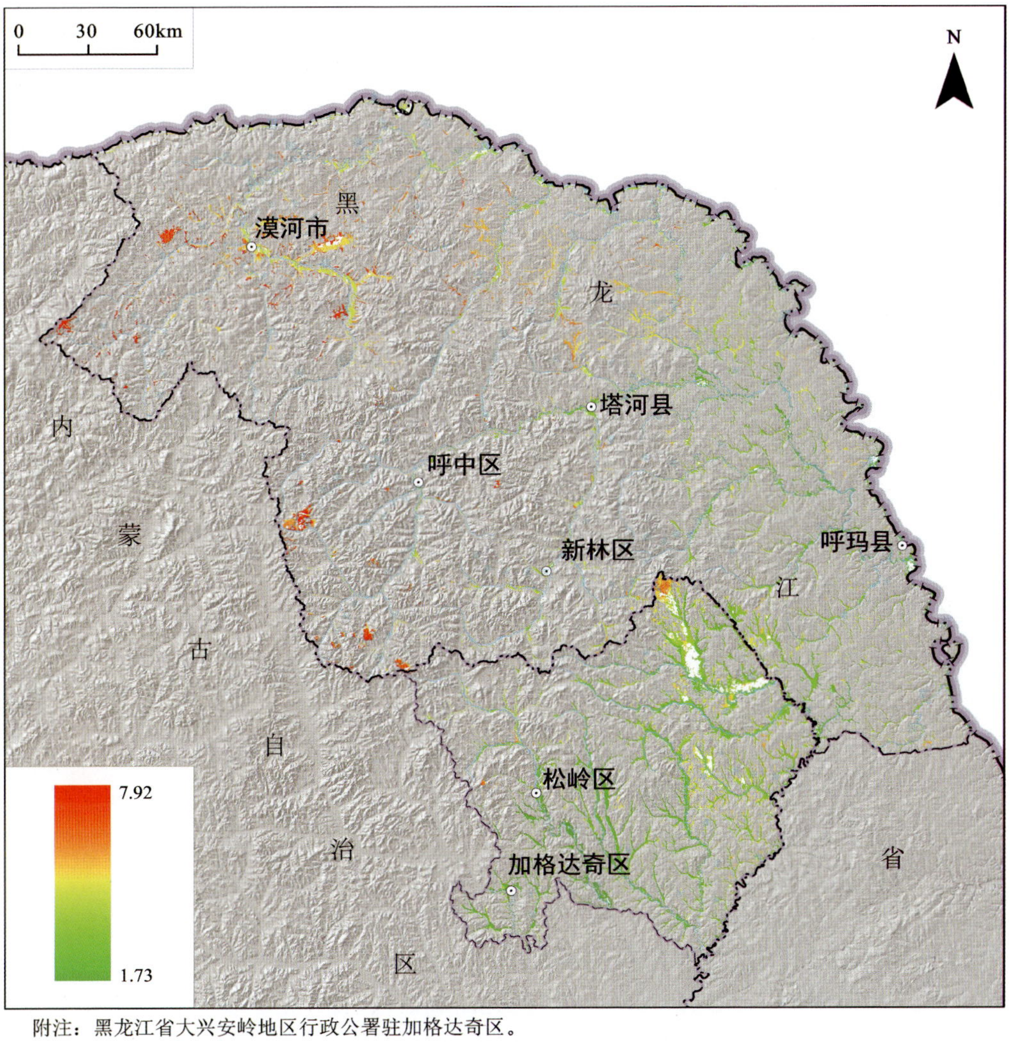

附注：黑龙江省大兴安岭地区行政公署驻加格达奇区。

图 4-17　大兴安岭地区农田生态单元评价图

通过与单因子分区的对比可以看出，低值区主要分布在大兴安岭南东部地势平坦的河谷区域，高值区主要分布在大兴安岭北西部的河间地块区域。

(三)综合分级评价

对各生态单元内栅格得分情况进行统计分析，可得到各个生态单元脆弱性评价得分的分布情况和规律。

森林生态单元评价得分的最人值为7.6,最小值为1.8,平均值为4.4,标准差为0.69(图4-18)。

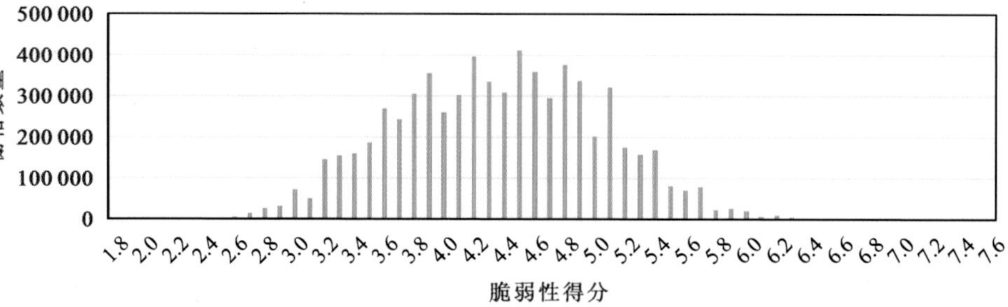

图4-18　大兴安岭森林生态单元脆弱性评价得分分布图

湿地生态单元评价得分的最大值为7.9,最小值为1.7,平均值为3.9,标准差为0.99(图4-19)。

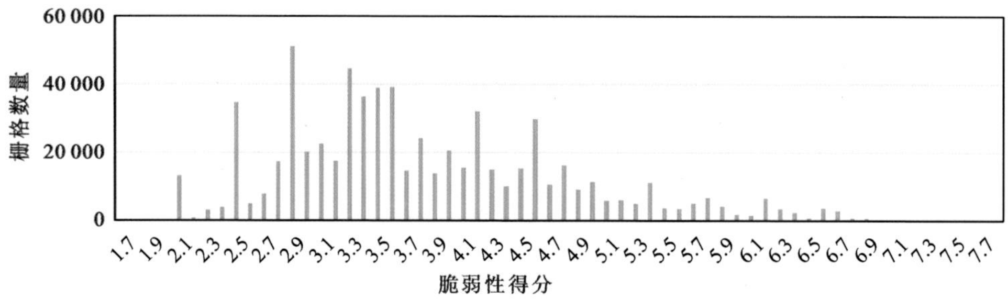

图4-19　大兴安岭湿地生态单元脆弱性评价得分分布图

农田生态单元评价得分的最大值为6.1,最小值为1.9,平均值为3.8,标准差为0.68(图4-20)。

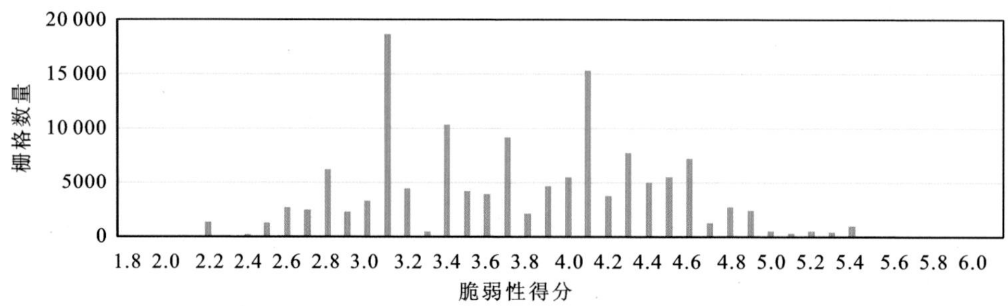

图4-20　大兴安岭湿地生态单元脆弱性评价得分分布图

其中平均值最大的是森林生态单元,平均值为4.4,其次为湿地生态单元,平均值为3.9,最小的为农田生态单元,平均值为3.8。可以看出,在不考虑生态单元类型的情况下,农田生态单元的脆弱性最低,湿地生态单元与农田生态单元相近,而森林生态单元的脆弱性最强,这在一定程度上反映了不同生态单元对脆弱性因子的适应能力不同。农田生态单元和湿地生态单元对脆弱性因子的要求更高,故适应性更差;森林生态单元对脆弱性因子的要求相对于农田生态单元和湿地生态单元要低得多,所以适应性更强。

从标准差看,农田生态单元和森林生态单元的标准差相近,分别为0.68和0.69,而湿地生态单元的标准差相对较高,为0.99。

在空间分布范围上可以明显看出:①湿地生态单元和农田生态单元比较接近;②森林生态单元分布广泛,各类因子的变化强度应该是湿地生态单元和农田生态单元接近且远远小于森林生态单元。

从标准差上可以看出湿地生态单元的数据波动更大,这说明:①森林生态单元对脆弱性因子的变化响应不敏感,本身具有较强的稳定性;②农田生态单元脆弱性因子相对稳定,各个区域内变化不大;③湿地生态单元对脆弱性因子的变化响应更敏感。通过以上分析可以看出,本书通过所采用的分析体系得到的结果与生态单元本身的属性相关性强，是具有客观性、合理性的一套评价方法。

按照分级标准，对各生态单元的评价得分进行重新分级后，对不同生态单元的脆弱性等级进行了分类统计（表 4-16）。

表 4-16 大兴安岭地区生态地质脆弱性分布

脆弱性等级	得分区间	农田生态单元分布（栅格数量）	湿地生态单元分布（栅格数量）	森林生态单元分布（栅格数量）
稳定	0～2	1	191	5
较稳定	2～4	78 449	409 784	2 038 373
中等	4～6	59 982	237 985	4 701 696
较脆弱	6～8	6	25 565	51 580
脆弱	8～10	0	0	0

从脆弱性等级分布情况可以看出，大兴安岭地区脆弱性分布稳定区域极少，以较稳定和中等为主，较脆弱区域零星分布，无脆弱区。根据脆弱性评价标准，对脆弱性评价图进行重分类（图 4-21）。

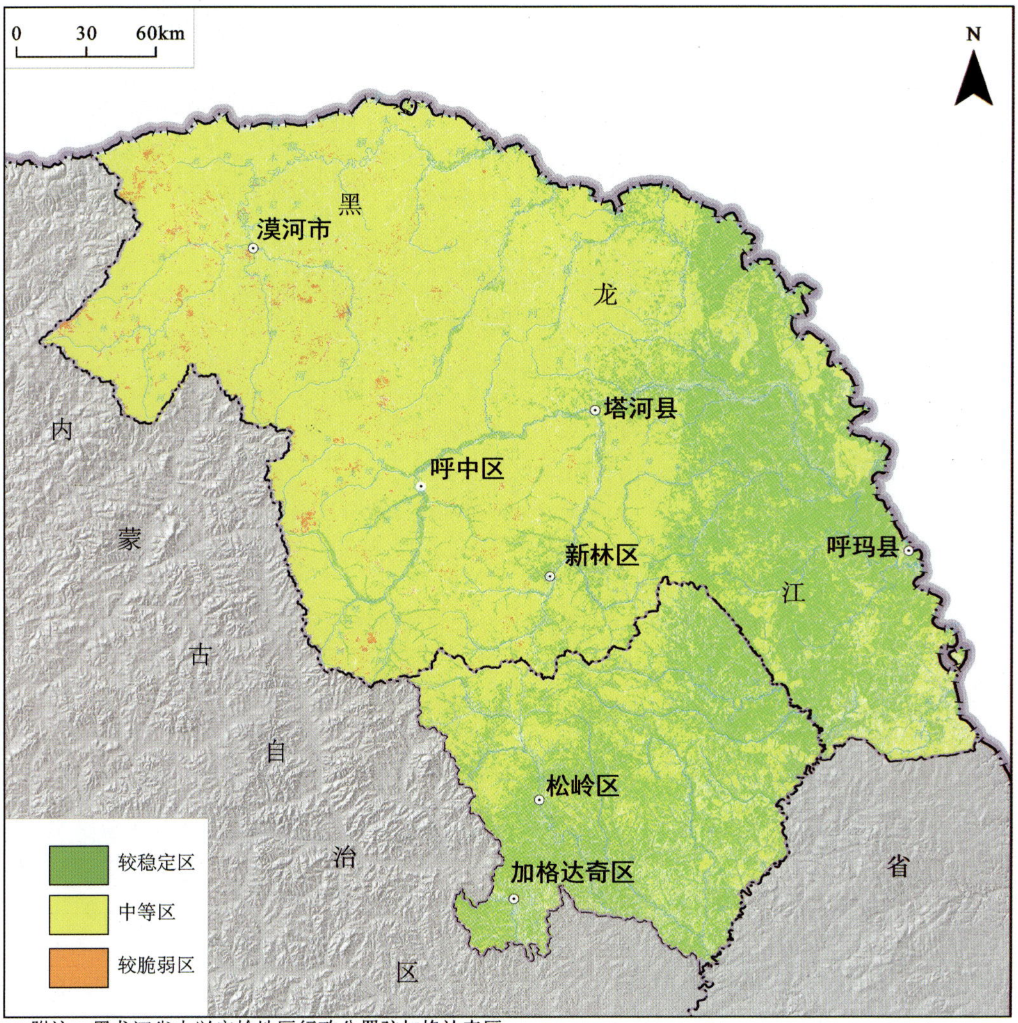

附注：黑龙江省大兴安岭地区行政公署驻加格达奇区。

图 4-21 大兴安岭地区脆弱性评价图

脆弱性分布具有比较明显的规律性，将脆弱性分区按照等级划分可以大致分为由东南至西北3个条带，分别是东南侧低丘较稳定区、中部低山丘陵中等区、西北侧中低山中等—较脆弱区（图4-22，表4-17）。

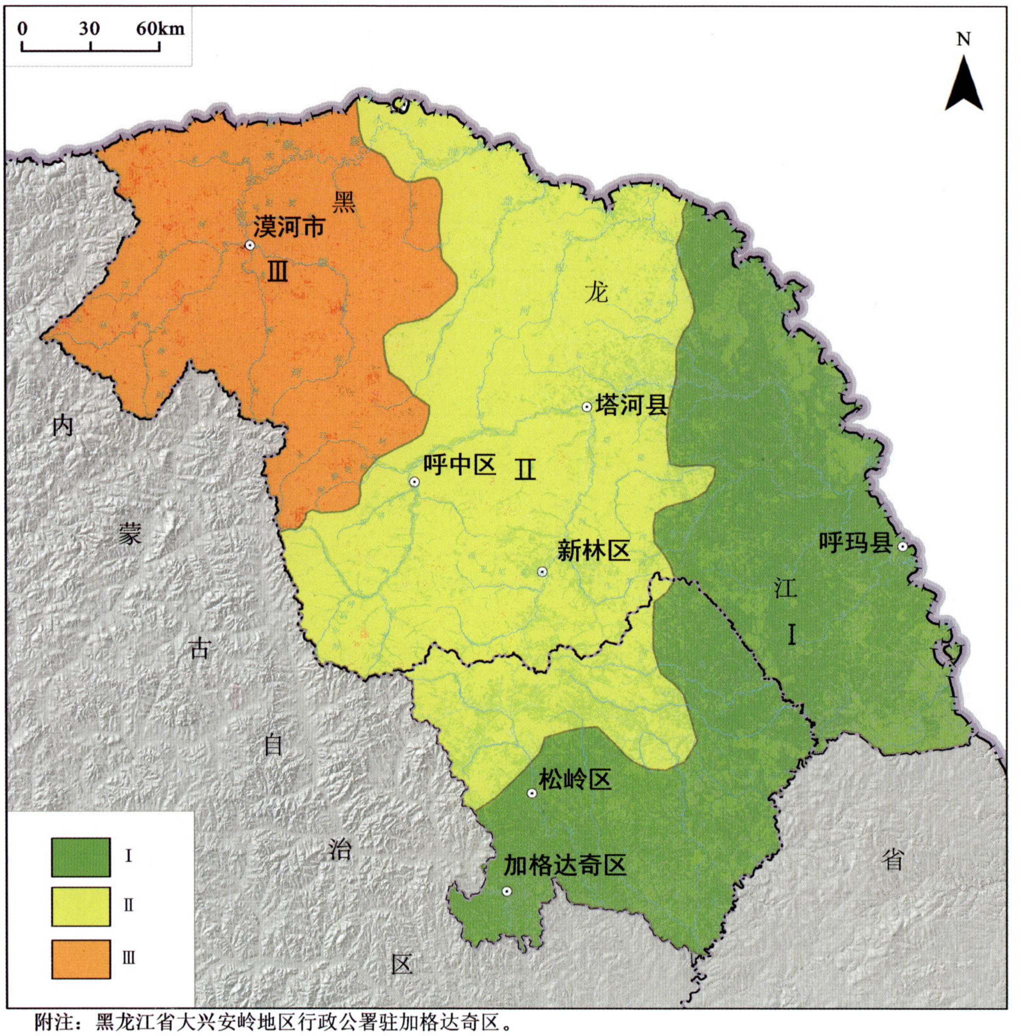

附注：黑龙江省大兴安岭地区行政公署驻加格达奇区。

图4-22 大兴安岭地区脆弱性一级分区图

Ⅰ.东南侧低丘较稳定区；Ⅱ.中部低山丘陵中等稳定区；Ⅲ.西北侧中低山中等—较脆弱区。

表4-17 大兴安岭地区生态地质脆弱性分区

序号	名称	面积/km²	序号	名称	面积/km²
Ⅰ	东南侧低丘较稳定区	29 406.52	Ⅰ-1	森林-湿地聚集型较稳定区	22 243.93
			Ⅰ-2	农田-湿地聚集型较稳定—中等区	4 443.47
			Ⅰ-3	母质抗风化型较稳定—中等区	2 719.13
Ⅱ	中部低山丘陵中等区	34 172.93	Ⅱ-1	森林-湿地聚集型中等区	28 574.98
			Ⅱ-2	中低山强剥蚀型中等区	5 597.96
Ⅲ	西北侧中低山中等—较脆弱区	19 384.71	Ⅲ-1	次生林灾后恢复型中等—较脆弱区	5 860.60
			Ⅲ-2	城市密集型中等—较脆弱区	5 023.96
			Ⅲ-3	重金属富集型中等—较脆弱区	8 500.16

3个脆弱性分区与冻土稳定性、气温、降水量因子具有相近的分带特征。在这类因子的共同作用下，脆弱性分布在整个区域内，具有由东南向西北逐渐增加的规律性。这说明气象类因子是脆弱性分区在宏观尺度上的主控因素。

在宏观分区的基础上，根据不同区域的脆弱性来源进行详细划分，共分为3个大区、8个小区（图4-23，表4-17）。

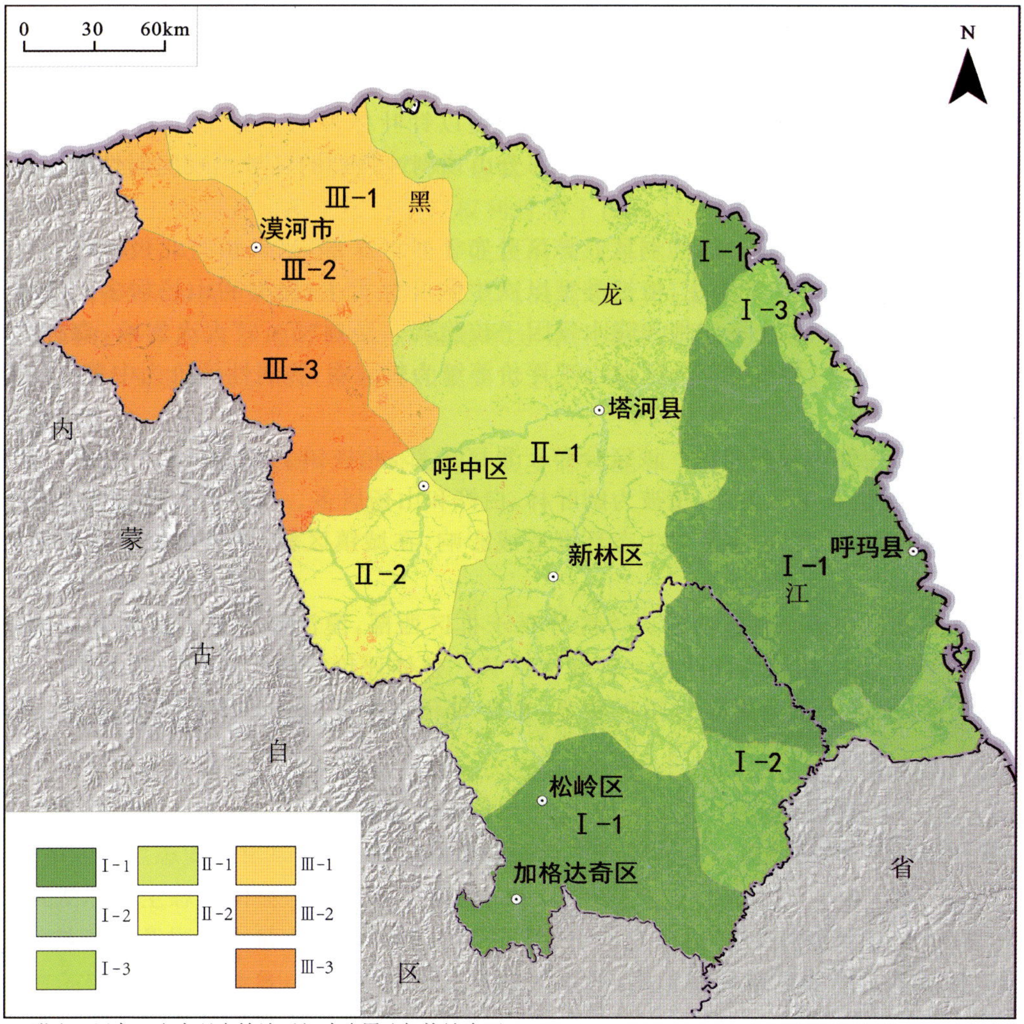

附注：黑龙江省大兴安岭地区行政公署驻加格达奇区。

图4-23　大兴安岭地区脆弱性二级分区图

Ⅰ-1.森林-湿地聚集型较稳定区；Ⅰ-2.农田-湿地聚集型较稳定-中等区；Ⅰ-3.母质抗风化型较稳定—中等区；
Ⅱ-1.森林-湿地聚集型中等区；Ⅱ-2.中低山强剥蚀型中等区；Ⅱ-1.次生林灾后恢复型中等—较脆弱区；
Ⅲ-2.城市密集型中等—较脆弱区；Ⅲ-3.重金属富集型中等—较脆弱区。

Ⅰ-1森林-湿地聚集型较稳定区。该区分布于大兴安岭地区东南侧，嫩江流域及呼玛河下游流域，呼玛县南部和松岭区。区域内地形平缓，水系发育，发育森林生态单元和湿地生态单元，森林类型为阔叶林夹少量针阔混交林。区内气温、降水量、冻土稳定性等因子脆弱性评分在1～3分之间，且其他因子也比较稳定。故综合评价等级为较稳定，是生态脆弱性评价等级最低的区域。

Ⅰ-2农田-湿地聚集型较稳定—中等区。该区分布于大兴安岭地区南侧，北疆乡南侧部分区域。地处低丘地貌，地形平缓、水系发育，主要由农田生态单元和湿地生态单元组成，由于森林生态单元分布较少，农田分布较多，总体评价为较稳定—中等，其中中等区主要出现在农田分布区。

Ⅰ-3母质抗风化型较稳定—中等区。该区分布于Ⅰ区东侧边缘地带，欧浦乡—金山乡一带。属低

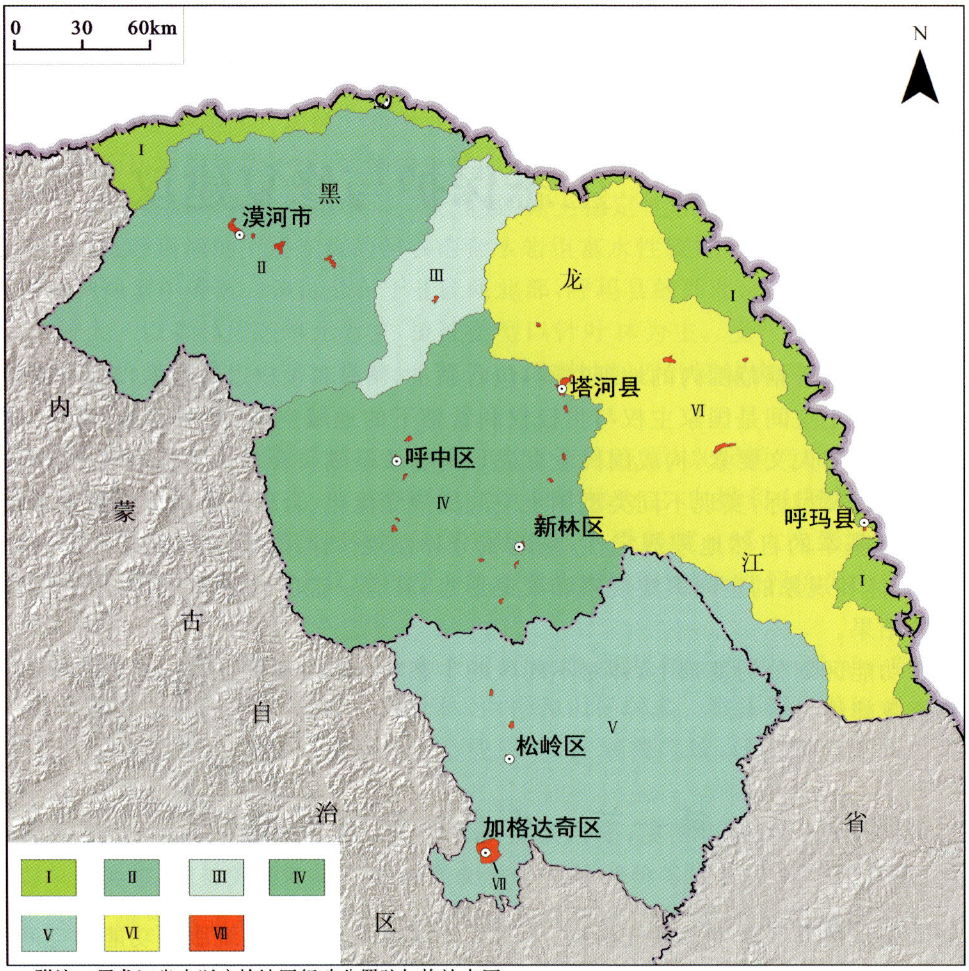

附注：黑龙江省大兴安岭地区行政公署驻加格达奇区。

图 5-1 大兴安岭地区生态功能分区图

Ⅰ.黑龙江干流我国一侧河流国土保护带生态功能区；Ⅱ.额木尔河流域水源涵养与生物多样性保护生态功能区；Ⅲ.盘古河流域水源涵养与生物多样性保护生态功能区；Ⅳ.呼玛河源头及中上游林区水源涵养与生物多样性保护生态功能区；Ⅴ.嫩江源头及上游林区水源涵养与生物多样性保护生态功能区；Ⅵ.西尔根气河-呼玛河下游洪水调蓄生态功能区；Ⅶ.城市生态环境保护功能区

一、各生态功能区特征

1.额木尔河流域水源涵养与生物多样性保护生态功能区

该区分布在漠河市，面积 16 134km^2，主要生态功能为水源涵养和生物多样性保护，包括黑龙江北极村国家级自然保护区、黑龙江大兴安岭漠河九曲十八湾国家湿地公园、黑龙江漠河大林河国家湿地公园、黑龙江大兴安岭阿木尔国家湿地公园、黑龙江漠河笃斯越橘省级自然保护区、黑龙江常青省级自然保护区、大兴安岭额木尔河入江口湿地地级自然保护区等。该区是我国纬度最高地区，多年冻土发育，以连续型多年冻土为主，天然林和次生林发育。该区北部植被类型主要是以兴安落叶松为代表的寒温带落叶针叶林，中南部受“5·6”大火影响，发育次生林，植被类型主要为次生的白桦和少量兴安落叶松，广泛分布于丘陵和低山区。广布的森林生态系统与灌丛、草甸、沼泽、草塘和水域等构成独特而典型的生态复合体，是我国乃至世界寒温带森林生态系统的典型代表区域之一。区内水资源和野生动植物资源非常丰富，同时该区与黑龙江干流我国一侧河流国土保护带生态功能区相连通，属于界江保护和野生动物保护廊道类型的保护区，对野生动物基因国际交流有着重要意义。

2. 盘古河流域水源涵养与生物多样性保护生态功能区

该区分布于塔河县盘古河流域，面积 $3651km^2$，主要生态功能为水源涵养和天然林保护，包括黑龙江札林库尔国家森林公园和黑龙江盘中国家级自然保护区。该区主要发育天然林，植被类型以兴安落叶松、白桦为主，海拔在 800m 以上，地势较高处发育偃松等灌木。该区具有保存完好的原始森林，类型丰富的野生动植物资源，地质地貌景观独特，融合了原始森林的典型性、原生态环境的优越性、山形地貌的复杂性。该区动植物资源丰富，是寒温带生物种类丰富的地区之一，动植物种类依存于寒温带森林生态系统，具有典型的寒温带森林、湿地生态系统和珍稀濒危野生动植物，对维护区域生态安全，具有不可替代的重要作用。同时，该区与黑龙江干流我国一侧河流国土保护带生态功能区相连通，属于界江保护和野生动物保护廊道类型的保护区，对野生动物基因国际交流有着重要意义。

3. 呼玛河源头及中上游林区水源涵养与生物多样性保护生态功能区

该区分布于呼中区和新林区，面积 $17\ 412km^2$，主要生态功能为水源涵养和生物多样性保护，包括黑龙江呼中国家森林公园、黑龙江呼中国家级自然保护区、大兴安岭北庆貂熊地级自然保护区、大兴安岭塔河源头湿地地级自然保护区、黑龙江大兴安岭新林奥库萨卡埃河湿地自然公园、大兴安岭新林大青山泥炭藓湿地地级自然保护区、大兴安岭呼中苍山石林省级地质自然公园、大兴安岭呼中原麝地级自然保护区、大兴安岭塔林地级自然保护区。该区位于大兴安岭主脊东侧，是我国保存最为典型且完整的寒温带针叶林生态系统之一，野生动植物种类非常丰富，是濒危野生动物黑嘴松鸡、金雕、貂熊、原麝、紫貂等国家一级保护动物的重要保护区，是我国寒温带典型泥炭藓湿地，分布着典型的西伯利亚山地针叶林——兴安落叶松林，是我国寒温带明亮针叶林生态系统国家保护样本和物种基因库。同时，该区是呼玛河、塔河的源头，沼泽湿地发育，为区域重要的水源涵养地区。

4. 嫩江源头及上游林区水源涵养与生物多样性保护生态功能区

该区分布于松岭区和加格达奇区，面积 $19\ 633km^2$，主要生态功能为水源涵养和生物多样性保护，包括黑龙江南瓮河国家级自然保护区、黑龙江大兴安岭砍都河国家湿地公园、黑龙江多布库尔国家级自然保护区、大兴安岭那源涉禽候鸟地级自然保护区、黑龙江那都里河湿地地级自然保护区、黑龙江大兴安岭古里河国家湿地公园、黑龙江罕诺河湿地地级自然保护区。该区位于大兴安岭东部，伊勒呼里山南麓，是嫩江的主要集水区和水源涵养地，并发育着众多的支流，为嫩江的发源地，发育寒温带岛状森林生态系统和沼泽湿地生态系统，形成了寒温带特有的森林沼泽湿地类型，是嫩江源湿地的重要组成部分。具有寒温带湿地的典型性、稀有性、原生性和脆弱性，在全国森林沼泽生态类型占有很重要的地位。该生态功能区是寒温带向温带过渡地带自然保护区网络中重要的组成节点，又是候鸟迁徙过程中重要停歇地和繁殖地。该区基本涵盖了大兴安岭寒温带原始林区内所有的森林植物、野生动物、森林昆虫、大型真菌等陆生、湿生、水生生物类群物种，国家一级和二级重点保护动物近 50 种，生物多样性极为丰富，在维护国家区域生态安全、提供湿地生物多样性保护、发挥水源涵养作用等方面均具有重大保护意义。

5. 黑龙江干流我国一侧河流国土保护带生态功能区

该区分布于黑龙江干流中国一侧 5～10km，面积 $6350km^2$，主要生态功能为国土保护。该区是中俄两国的边界地区，受河流侵蚀堆积的影响，我国部分国土可能出现流失。同时，该区是我国大兴安岭地区和俄罗斯远东地区动物种群跨境迁徙的重要廊道，对野生动物基因国际交流有着重要意义。

6. 西尔根气河—呼玛河下游洪水调蓄生态功能区

该区分布于塔河县东侧和呼玛县，面积 19 369km²，主要生态功能为洪水调蓄和生物多样性保护。该区位于黑龙江中游偏上，人类活动较强，靠近河流冲积平原和河流阶段多被开垦成为农田，是大兴安岭地区森林生态系统破坏较为强烈的地区。区内黑龙江大兴安岭段为洪水多发地段，特别是塔河、呼玛等城镇地区，多受洪水侵害。

7. 城市生态环境保护功能区

该区主要分布在大兴安岭地区加格达奇区、漠河市、呼玛县、塔河县、新林区、呼中区、松岭区及其主要乡镇，面积 326km²，主要生态功能为保障人类生活居住，以加格达奇区为中心，是大兴安岭地区主要的城市生态系统。

二、各生态功能区主要生态问题

如前所述，大兴安岭地区主要的生态问题是受全球气候变化、人类活动和森林火灾影响，致使多年冻土退化、森林生态系统和湿地生态系统退化等。近年来，在习近平生态文明思想的指导下，在天然林保护工程和全面禁伐的基础上，大兴安岭地区获批国家级和省级各类自然保护区和公园近 50 余处，大兴安岭地区生态系统呈现出较好的恢复势头，生态环境质量在逐渐恢复。但由于大兴安岭地区气候寒冷，生态系统恢复的速度相对较慢。

1. 额木尔河流域水源涵养与生物多样性保护生态功能区

受冻土退化、森林火灾、过度垦伐和矿业开发等综合影响，原始天然林受到严重破坏，出现不同程度的生态退化，局部水体遭受污染。加之 19 世纪 70 年代到 21 世纪初，随大量的砂金采集，区域河道多被破坏，湿地生态系统退化，导致区域水源涵养能力和保水保土功能降低，生物多样性降低。

2. 盘古河流域水源涵养与生物多样性保护生态功能区

受冻土影响，该区在山顶及山脊处多发育碎石坡，生态系统较为脆弱，加之森林火灾和过度垦伐，部分原始天然林破坏，森林生态系统和湿地生态系统出现不同程度的退化，生物多样性下降。

3. 呼玛河源头及中上游林区水源涵养与生物多样性保护生态功能区

受海拔限制，易出现雷击火灾。该区植被以兴安落叶松为主，植被类型相对单一，易发生病虫害。在森林火灾、过度垦伐和冻土退化的共同影响下，原始天然林受到严重破坏，森林生态系统出现不同程度的退化，水源涵养和水土保持能力下降，生物多样性降低。

4. 嫩江源头及上游林区水源涵养与生物多样性保护生态功能区

该区处于区域岛状多年冻土区，冻土退化明显。受森林火灾和人类活动影响，该区森林和湿地生态系统出现不同程度的退化，加之区域垦荒放牧的影响，区域水源涵养和水土保持能力下降，生物多样性功能下降。但随着区域生态保护力度的加大和区域保护区的建立，该区生态系统趋于稳定并向好的方向发展。

5. 黑龙江干流中国一侧河流国土保护带生态功能区

受人类过度采伐的影响，区域植被覆盖度降低，水源涵养和水土保持功能下降，在黑龙江的河流侵蚀的作用下，出现国土流失现象。

6. 西尔根气河—呼玛河下游洪水调蓄生态功能区

该区地势较为平坦，是人类活动较为频繁的地区，多被人类开垦成为耕地和建设用地，受过度砍伐和开荒等影响，区域水土保持能力、洪水调蓄能力和抗侵蚀能力下降，生态功能下降，易发生区域性洪水。

7. 城市生态环境保护功能区

随着城镇的开发建设，城市垃圾和水体的污染严重，镇生态功能低下，人居环境恶化。同时，由于大兴安岭地区全面禁伐，经济水平下降，人口流失严重，人口比例不协调、老龄化严重。

三、生态功能区生态保护与修复建议

国土空间生态修复的目标是实现国土空间格局优化、生态系统健康稳定和生态功能提升，按照山水林田湖草沙是一个生命共同体的理念，对长期受到高强度开发建设、不合理利用和自然灾害等影响造成生态系统严重受损退化、生态功能失调和生态产品供给能力下降的区域，采取工程和非工程等综合措施，对国土空间生态系统进行生态恢复、生态整治、生态重建、生态康复的过程和活动。国土空间生态修复具有系统性、整体性、综合性、地域性和尺度性，包括了国土空间生态格局修复、生态基础网络修复、生态景观修复和空间要素综合修复。针对大兴安岭地区各生态功能区和生态地质脆弱区，我国制定国土空间保护修复建议（表 5-1）。

表 5-1　大兴安岭地区生态功能分区特征

生态功能大区	生态功能亚区	生态功能区	面积/km^2	主要生态问题	生态保护措施
大兴安岭水源涵养与生物多样性保护重要区	水源涵养与生物多样性保护亚区	额木尔河流域水源涵养与生物多样性保护生态功能区	16 134	原始天然林退化、次生林水源涵养能力和保水保土功能降低	天然林保护，在建和废弃矿山治理、生态系统的恢复重建、发展生态旅游
		盘古河流域水源涵养与生物多样性保护生态功能区	3651	生态系统较为脆弱，森林火灾和过度垦伐，原始天然林严重破坏，生态系统退化	天然林保护，采取补植补造等形式，加快火烧迹地的恢复，促进生态系统良性发展
		呼玛河源头及中上游林区水源涵养与生物多样性保护生态功能区	17 412	植被类型相对单一，易发生病虫害。在森林火灾频发，原始天然林破坏。水源涵养和水土保持能力下降	天然林、湿地沼泽和生物多样性保护，建立国家公园，完善生态系统保护体系。加强森林火灾和病虫害防治，加强对水土流失的管理

续表 5-1

生态功能大区	生态功能亚区	生态功能区	面积/km²	主要生态问题	生态保护措施
大兴安岭水源涵养与生物多样性保护重要区	水源涵养与生物多样性保护亚区	嫩江源头及上游林区水源涵养与生物多样性保护生态功能区	19 633	岛状多年冻土冻土退化明显，森林和湿地生态系统不同程度的退化，区域水源涵养和水土保持能力、生物多样性功能下降	区域森林-湿地生态系统协作保护，建立国家公园，完善生态系统保护体系。实施退耕还林还湿政策，加强对水土流失的管理，建立冻土区生态定位观测站
	国土保护带生态功能亚区	黑龙江干流中国一侧河流国土保护带生态功能区	6350	区域植被覆盖度较少，水土保持功能下降，河流侵蚀强烈	天然林保护，建设界江流域水土保持护岸工程，加强国防林植被恢复
	洪水调蓄生态功能亚区	西尔根气河—呼玛河下游洪水调蓄生态功能区	19 369	区域水土保持能力和洪水调蓄能力下降，生态功能下降，易发生洪水	天然林保护，退耕还林还湿，实施生态防洪工程
	城市生态环境保护功能区	城市生态环境保护功能区	326	城镇环境污染严重，环保设施严重滞后，城镇生态功能低下，人居环境恶化	规划城市发展规模、产业方向，加强生态产业升级，加快基础设施建设和城乡生活环境综合整治

1. 额木尔河流域水源涵养与生物多样性保护生态功能区

加大天然林保护力度，推进森林-湿地生态系统国家公园建设，加强退化生态系统的恢复重建，加强在建和废弃矿山、砂金采迹地的综合管理和治理。发展以北极村、北红村、九曲十八弯、龙江第一湾、漠河石林等为主的生态旅游、冰雪旅游和非木材林产品及特色林产品加工业，走生态经济型发展道路。

2. 盘古河流域水源涵养与生物多样性保护生态功能区

加强天然林保护力度，在原有国家自然保护区和省级公园基础上，采取补植补造等形式，加快火烧迹地的恢复，进一步防治森林火灾，加强对冻土区冻土退化的监测预警，促进该区生态系统良性发展。

3. 呼玛河源头及中上游林区水源涵养与生物多样性保护生态功能区

加强天然林、湿地沼泽和生物多样性保护力度，在原有国家自然保护区和省级保护区基础上，尽快建立国家公园，完善生态系统保护体系。进一步防治森林火灾和病虫害，杜绝人类对植被的破坏和水体的污染，加强对水土流失的管理，建立生态定位观测站，研究水源涵养的量化指标和功能。

4. 嫩江源头及上游林区水源涵养与生物多样性保护生态功能区

在天然林保护基础上，加大对区域森林一湿地生态系统的协作保护，建立国家公园，完善生态系统保护体系。实施退耕还林还湿政策，杜绝人为对植被的破坏和水体的污染，加强对水土流失的管理，建立冻土区生态定位观测站，研究水源涵养和生物多样性的量化指标和功能，为区域冻土-森林-湿地综合保护利用提供支撑。

5. 黑龙江干流我国一侧河流国土保护带生态功能区

在天然林保护的基础上，制定国土保护方案，实施界江流域水土保持护岸工程，切实加强国防林植被的恢复工作。

6. 西尔根气河—呼玛河下游洪水调蓄生态功能区

实施天然林保护，划定“三区三线”，线外的耕地实施退耕还林还湿，加大生态保护力度，综合考虑生态护坡功能、工程功能和安全功能同等因素，沿重要易发洪水河流两岸采取生态保护措施用以保持水土、稳固堤岸、阻挡洪水对防洪堤岸冲击和侵蚀。

7. 城市生态环境保护功能区

以生态环境承载力为基础，规划大兴安岭地区城市发展规模、产业方向；以建设生态城市为基础，加强生态产业升级发展，加快基础设施建设和城乡生活环境综合整治，留住人口，吸引人才，促进城市发展。

第二节 生态空间规划与用途管制建议

一、生态空间规划与用途管制总体建议

大兴安岭地区面积约 83 000km^2，在土地用途方面，农用地占绝对优势，占比达 85%以上，其次为其他土地，占比约 10%；建设用地占比较少，不足 1%。在农用地中林地占比达 98%以上，耕地、牧草地和其他农用地占比不足 2%。整体来看，大兴安岭地区地广人稀，以林地为主，受 20 世纪林业大开发的影响，该区森林覆盖率虽高，但生态功能质量不高；建设用地集约程度低，局部土地利用存在破坏现象，土地复垦率低，导致该区整体国土空间的开发利用水平不高。大兴安岭地区国土空间总体的规划应该以习近平新时代中国特色社会主义思想为基础，统筹区域协调发展，按照国家和黑龙江省对大兴安岭地区生态功能的定位，持续加强推进“天然林保护工程”，合理统筹区域森林、湿地、城乡建设、生态旅游和耕地利用等规划建设，合理调整区域国土利用结构和优化国土利用空间布局，解决好供需矛盾，改善区域生态环境。根据目前大兴安岭地区用地类型，结合生态功能区定位，大兴安岭地区国土空间整体以森林和湿地生态系统保护为主，同时根据现有城镇和未来区域发展规划，统筹城镇开发、生态旅游和耕地保护利用。用途管制方面要突出大兴安岭生态安全屏障作用，不搞大开发、大建设，重要的基础设施建设在严格评估后实施。

二、生态空间规划与用途管制专项建议

（一）生态保育建议

生态保育规划主要是指对需要进行保护和复育的生态空间进行规划。大兴安岭地区作为全国重要

的生态功能区，是我国东北地区和华北地区的重要生态安全屏障，对维护松辽平原甚至华北平原的粮食安全、水安全、生态安全具有重要作用。因此生态保育在各类自然保护区基础上，优先安排生态用地建设，大力推进森林抚育，开发宜林荒地，建立国家公园，增强大兴安岭地区水源涵养、生物多样性保护和洪水调蓄等生态功能。额木尔河流域水源涵养与生物多样性保护生态功能区、盘古河流域水源涵养与生物多样性保护生态功能区、呼玛河源头及中上游林区水源涵养与生物多样性保护生态功能区和嫩江源头及上游林区水源涵养与生物多样性保护生态功能区主体部分、黑龙江干流我国一侧河流国土保护带生态功能区主体部分、西尔根气河—呼玛河下游洪水调蓄生态功能区主体部分是生态保育的重点规划区，为大兴安岭地区主体部分。

重点要加强天然林保护力度，优化低产林、低价林、疏林、老头林等；合理划归永久基本农田红线，对于红线之外的农田建议采取取消农业补助、合理制定占补政策等措施，进行非基本农田的退耕还林还草；加强工矿用地和砂金过采区的天然恢复力度，大力推进绿色矿山建设，对于坡度较大、无表土层的工矿用地，采取削坡整平、客土复绿的方法进行生态恢复治理；积极探讨国家公园体系建设，支撑区域生态保护与系统修复，不断扩大大兴安岭地区森林覆盖面积，提高森林-湿地生态质量；严禁改变林地、湿地等重要生态单元用地性质。

（二）城市发展建议

加格达奇是大兴安岭地区的政治、经济、文化、科教中心，城市发展规划以加格达奇为中心，向北、东、西 3 个方向辐射，以城市生态环境保护功能区中主要的一市、两县和四区为基础开展。通过近年来的大兴安岭地区人口增长趋势可以看出，大兴安岭地区人口呈现明显的下降趋势。结合当地人口增降情况，建议稀少自然村向中心人口少村镇集聚居住。中心城市规划依托旧城、由内向外、由近及远紧凑发展，预留城市发展空间。同时注重“三废”的规划和治理，加强老旧小区升级改造。严格控制城市扩建，城市发展禁止挤占生态空间，同时要加强饮用水安全排查治理。根据国家政策，依托漠河市洛古河和兴安镇口岸优势，加强对俄经贸的规划和建设等。

（三）农业用地建议

大兴安岭地区耕地主要集中在呼玛县和松岭区，分布在嫩江源头及上游林区水源涵养与生物多样性保护生态功能区的冲积平原和河谷地带、黑龙江干流中国一侧河流国土保护带生态功能区冲积平原和河谷地带、西尔根气河—呼玛河下游洪水调蓄生态功能区冲积平原和河谷地带。大兴安岭地区耕地极为零散，占比较小，同时受气候条件影响，年均积温较低，全年无霜期较短，导致该区不能成为主要粮食作物的产区，不是主要的农田生态系统区。因此，应在现有耕地的基础上，加快划定永久基本农田红线，对区内不适应农业生产、零散分布、坡度大的低质量耕地和自然保护区内耕地，制定合理的占补措施，进行退耕还林还草。

（四）生态旅游建议

大兴安岭是国内面积最大的国有林区，自然人文景观丰富、生态功能多元，大森林、大湿地、大界江、大冰雪及变幻莫测北极光，彰显着北疆风光独特之处。大兴安岭地区拥有国家级保护区 8 处、省级保护区 4 处、国家级森林公园 4 个、国际重要湿地 1 个、国家重要湿地 2 个、国家湿地公园 10 个、省级地质公园 2 个。龙江第一湾、北极镇、观音山、萨布素军马场、鄂伦春民族风情小镇等旅游景区交相辉映，共同构建起集森林康养、生态旅游、自驾休闲、冰雪体验于一身的综合旅游胜地。在大兴安岭地区可以亲近自然之美，领略北国风光，体验民族风情，感受林海雪原的独特魅力。

《大兴安岭地区国民经济和社会发展第十四个五年规划和二〇三五年远景目标纲要》中明确提出：深度挖掘神州北极、两江之源、鲜卑民族根脉祖源等独有元素和大森林、大湿地、大界江、大冰雪等特色资源，叫响"神州北极·大美兴安"旅游品牌，打造国内著名旅游目的地、打卡地，实现保护生态和发展文化旅游相得益彰，建成文化旅游强区。按照"两核四区三线"旅游空间发展布局，依托大森林、大界江、大湿地、大冰雪、大氧吧等资源要素，开发湿地观光游、找北探源游、森林体验游、低空飞行游、体育赛事游、乡村民宿游、休闲度假游、生态和谐游、林业遗产游、研学知识游、红色教育游、康养体育游、民族民俗游、自驾车房车游等旅游项目，促进旅游产品与休闲度假以及观光旅游产品融合。形成以神州北极为代表的"北"文化，以大森林为代表的"绿"文化，以大湿地、大界江为代表的"水"文化，以大冰雪为代表的"雪"文化，以鲜卑和古驿为代表的"史"文化，以抗联和大兴安岭精神为代表的"红"文化，以少数民族民俗文化为代表的"俗"文化等系列旅游文化。

不断做强以漠河市为核心的大北极旅游区，整合航空文化、鲜卑祖源文化以及大湿地等自然资源，加快形成以加格达奇区为核心的文旅产业集聚区。以 2 个核心旅游区为驱动，带动呼玛县、塔河县、新林区、呼中区、松岭区等地旅游发展。

开发冰雪游等旅游产品和精品线路，加强雪域风光、冰雪运动、民俗体验和温泉疗养等冬季旅游特色项目建设；以漠河市首批国家森林康养基地建设，推动塔河白桦林山庄、漠河市林业局前哨林场、塔河县开库康乡、图强林业局、十八站林业局、阿木尔林业局 6 个第四批全国森林康养基地试点建设，扩大康养基地规模，打造优质北方森林康养中心；依托我国唯一寒温带动植物基因库和蓝莓产业，打造动植物科考和纯天然、无污染的绿色山特产品的生态旅游。努力打造"神州北极·大美兴安"国际化旅游、冬季"极地冰雪季"、夏季"邂逅 20℃的夏天""有方向的礼品一兴安游礼"等系列品牌。同时，依托旅游产业链带动交通和邮电业、金融和保险业、餐饮业、建筑业、中介服务、物流配送等其他产业的发展。

第三节　生态安全格局构建

生态安全格局的构建与优化，对于保护区域生态环境、维护区域生态系统稳定、保护生物多样性等具有重要意义，已成为协调区域社会经济发展与自然环境保护的双赢途径之一。大兴安岭作为黑龙江和嫩江源头，被誉为"龙江水塔"，有着广袤的大森林和广阔的大湿地，是国家大粮仓松嫩平原的天然生态屏障，是国家实现"双碳"战略目标的重要储备基地。守护绿水青山、维护国家生态安全是大兴安岭义不容辞的责任。大兴安岭生态安全格局的构建对于缓解区域生态安全与城镇建设、社会经济发展矛盾具有重要现实意义。

俞孔坚提出了构建生态安全格局三步骤的方法框架，即确定物种扩散源的现有自然栖息地（也就是生态源地的确定），建立阻力面，根据阻力面来判别安全格局。该方法框架已经成为国内外学者研究构建生态安全格局的基本模式。随着生态安全格局在概念理论基础和构建实现方法等方面不断丰富，在"源地-阻力面-廊道"的基础上，加入了战略点（节点）的设置，形成了"源地-廊道-节点"三大基本步骤。①源地的确定。将对区域生态过程与功能起决定作用及对区域生态安全具有重要意义或担负重要辐射功能的生境斑块，识别为确保区域生态安全的关键地块，即源地。源地的选取方法主要包括定性的生态系统结构判定及定量的生境重要性、生态敏感性、景观连通性等准则。②廊道的识别。生态廊道是指生态网络体系中对物质、能量与信息流动具有重要连通作用，尤其是为动物迁徙提供重要通道的带状区域。最小累积阻力模型成为识别生态廊道的主要方法，主要是因为数据需求简单、运算效率高，并具有可视化的分析结果，阻力面设置是廊道准确识别的关键。③战略点（节点）的设置。阻力面在源地所处位置下陷，在最不容易到达的区域高峰突起，两峰之间会有低阻力的谷线、高阻力的脊线各自相连；而多条谷线的交汇点，以及单一谷线上的生态敏感区、脆弱区，则构成影响、控制区域生态安全的重要战略节点。将以上各种存在的、潜在的景观组分进行叠加组合，从而构建区域生态安全格局。

一、生态源地识别

生态源地是物种基因维持与扩散的源头，是一种能够保障生态服务功能、提升生态环境质量的景观类型，如水域、原始森林、自然保护区等重要物种的自然栖息地，在生态安全格局发挥极其重要作用的区域，是生态安全格局的核心区域。生态源地的概念内涵包括3个方面的重要特征：一是提供生态系统服务的核心区域，生态源地是在水源涵养、水土保持、物种多样性保护等生态服务功能方面不可或缺的重要区域；二是在生态系统格局与整体连通性方面具有重要意义，生态源地的存在不仅有利于整个生态格局的连通性提升，同时保障了生态系统整体结构和功能的完整性；三是生境质量较高，生态源地往往是气候条件好、植被覆盖度高、人类活动干扰少的区域，生境质量呈现良好的状态。生态源地在生态系统中具有重要意义，有利于生态系统稳定和生态过程发展，是区域生态系统中野生动物迁徙、物质交换等生态过程开始的起点，生态源地的识别是构建区域生态安全格局的首要条件，对保障区域生态系统稳定可持续和维护生态安全起着关键作用。

（一）生态源地识别的方法

生态源地作为生态安全格局构建的重要一环和基础依据，其提取方法多样：一是直接识别法，即选取自然保护区、风景名胜区的核心区等所包含的空间范围作为生态源地；二是基于景观生态格局，利用土地类型长期稳定的且面积较大的斑块作为生态源地，如林地等斑块；三是构建综合评价指标体系识别生态价值较高的区域作为生态源地，该种方法一般是在评价结果基础上以区域需要保留的生态总价值及生态用地面积的比例来确定生态源地的边界范围。每个源地的识别都有自己的特点，其中直接识别法是最直接、最便捷的源地识别方法，但由于自然保护区的划定边界具有一定的行政管制属性，时效性较差；基于景观生态格局的源地识别对区域数据的要求不高；而构建综合指标体系则需要大量的数据进行支撑。鉴于以上方法的特点，结合本项目获得的数据情况，本书采用基于形态学空间格局分析方法并结合自然保护区分布进行生态源地的提取。

（二）基于形态学空间格局方法的景观生态源地提取

1. 形态学空间格局方法概述

形态学空间格局分析是一种基于腐蚀、膨胀、开运算、闭运算等数学形态原理处理栅格图像的空间格局进行度量、识别和分割的图像处理方法。该方法可以精确地分辨出景观的类型与结构，是在近年来构建生态安全格局过程中，识别确定生态源地更具客观性，从像元层面有效评价生态斑块的功能联通性的有效方法。形态学格局分析理论能够基于土地利用和覆被数据栅格影像识别区域生态系统中重要生态要素与结构要素的空间拓扑关系，并进行二值影像分割、度量等数学分析进而识别区域整体不同空间结构，将目标生态整体格局分为核心区、桥接区等7种类型。每一种景观类型都有其代表的生态学方面的意义（表5-2）。

表 5-2 MSPA 的景观类型及其生态学意义

景观类型	生态学特征	生态学意义
核心区	绿色植被覆盖区域中的核心，离绿色边界有一定距离	前景像元中较大的生境斑块，具有潜在的、相对较为完善的生境，可以为物种提供较大的栖息地，对生物多样性的保护具有重要意义，是生态网络中的生态源地
桥接区	连接多个不同核心的非核心区内的具有廊道特征的狭长区域	与核心区相连，其外观相对较为狭长，是各个斑块之间连接的廊道，代表生态网络中斑块连接的廊道，对生物迁移和景观连接具有重要的意义
孤岛	相对孤立且面积较小的绿色斑块	彼此不相连的孤立、破碎的小斑块，斑块之间的连接度比较低，内部物质、能量交流和传递的概率相对较小
孔隙	内部斑块边缘，即核心区和非绿色景观斑块之间的过渡区域	核心区和非绿色景观斑块之间的过渡区域，即内部斑块边缘，是核心区内限制物种运动范围的边界防线，还可抑制外来物种的侵入
边缘区	核心区域的外部边界	是核心区和主要非绿色景观区域之间的过渡区域
环道区	连接同一核心区的具有廊道特征的狭长区域	连接同一核心区的廊道，是同一核心区内物种迁移的捷径
支线	识别出所有景观像元后的部分结构	只有一端与边缘区、桥接区、环道区或者孔隙相连的区域，象征着与核心区建立联系的一系列残余绿色景观区域

2. 基于形态学空间格局方法的景观类型分类

根据大兴安岭地区 2018 年土地利用状况矢量数据，根据形态学空间格局分析理论，将大兴安岭地区占绝对优势主导地位的林地及水体作为前景，其他用地类型作为背景，利用 ArcGIS 中重分类工具，将其转换为像元 60m×60m 的 TIFF 格式二值图。利用 Guidos Toolbox 软件进行 MSPA 分析。

其中前景连接性有 2 种常见的模式选择，分别为 4 领域和 8 领域。边缘宽度，参数设定对于区域核心区等景观要素提取有重要影响，分辨率乘以边缘宽度即为核心区与其他类型的分界。过渡像素设置长度为 2 的环或桥将不可见，因为它将隐藏在边或穿孔下。Intext 的开关可以区分孔隙内部及外部特征。本书分析采用 8 邻域分析和 Edgewidth 为 2(即 60m 宽度)的基础上，对已经转换为二值数据的研究区进行形态学空间格局分析。最后得到核心、桥接、孤岛、孔隙、边缘、环道、支线 7 种景观类型(表 5-3，图 5-2)。

表 5-3 MSPA 景观分类结果统计表

景观类型	面积/km^2	所占前景比例/%	景观类型	面积/km^2	所占前景比例/%
核心区	69 822.28	96.90	边缘区	547.42	0.76
桥接区	9.42	0.01	环道区	34.55	0.05
孤岛	0.00	0.00	支线	0.00	0.00
孔隙	1 642.58	2.28	总计	72 056.25	100

由表 5-3、图 5-2 可见，大兴安岭地区核心区景观面积为 69 822.28km^2，占生态用地总面积的 96.90%，全区均有分布，主要分布于加格达奇以北区域，分布面积大，连通性强，对生物物种进行物质与能量的交换非常有利，生态功能表现为较好的态势；边缘区面积为 547.42km^2，占生态用地面积的 0.76%，支线代表景观生态安全格局中生态廊道之间连接出现中断，其面积为 0，说明在大兴安岭地区区域表面内连通性好；环道区是斑块内部生物迁移的通道，面积 547.42km^2，占生态用地面积的 0.05%；桥接区面积 9.42km^2，仅占生态用地面积的 0.01%，作为景观生态安全格局中的结构性廊道，难以在物种间迁移过程中为物质交换和能量流动提供最佳路径；岛状斑块是单独的生态用地斑块，在大兴安岭地区表现为缺失；孔隙面积 1642.58km^2，相对较大，但也仅占大兴安岭地区生态用地总面积的 2.28%，表明研究区的生态用地边缘效应较差，容易受外界因素干扰。

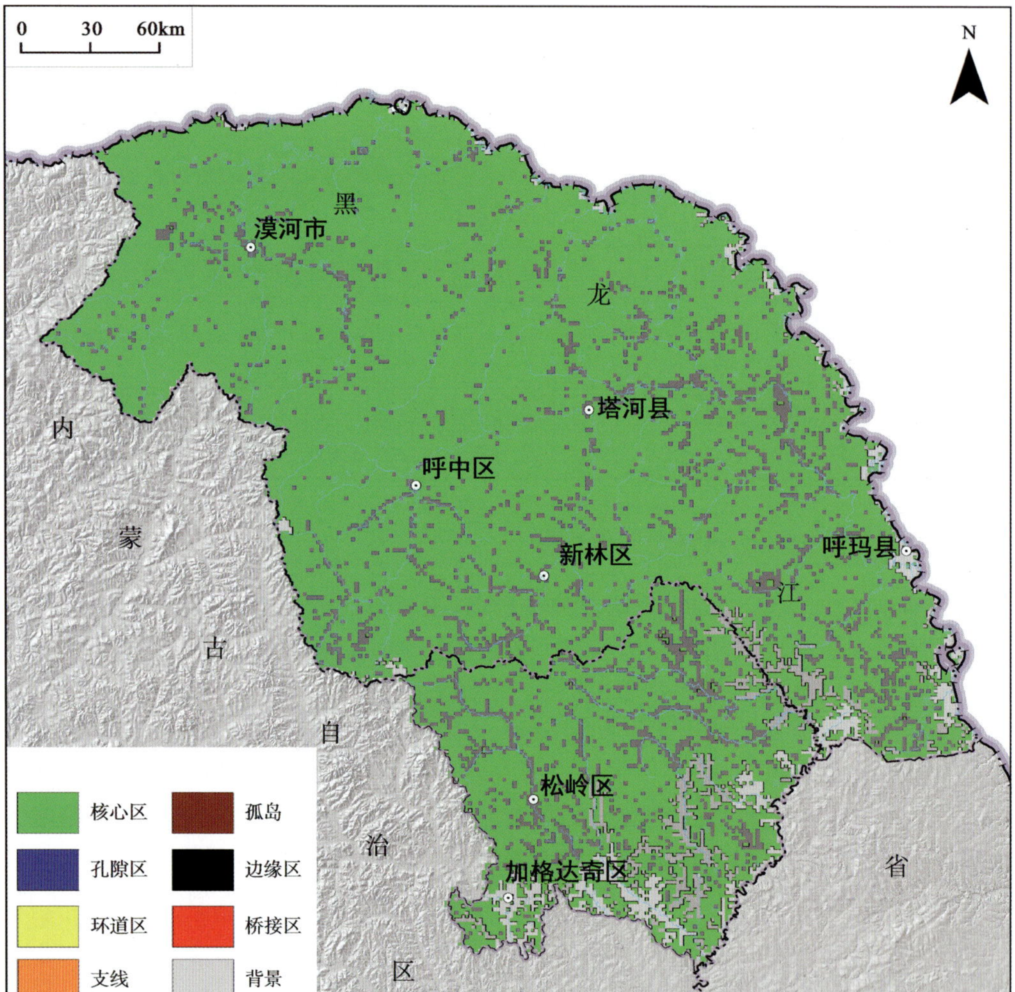

附注：黑龙江省大兴安岭地区行政公署驻加格达奇区。

图 5-2　大兴安岭地区基于形态学空间格局方法景观格局图

3. 基于斑块重要性选取生态源地

生态系统中景观之间的连接，可以保障区域生态要素间的物质交换及野生动物迁徙等，是实现区域生态系统及生态过程稳定可持续的前提。区域生态系统中各生态要素的景观连接度可以定量地反映区域内不同景观类型物质交换、野生动物迁徙等情况，因此进行自然环境生态保护与修复，提高生态系统中生态要素的景观连通性，在维护区域生物多样性、生态系统及生态过程稳定可持续发展等方面具有重大意义。目前，通常采用整体连通性、可能连通性和斑块重要性 3 种连通性指数评价区域景观要素连通性。区域自然生境斑块连接度指数越高，说明在该区域内重要程度就越高。

①整体连通性（IIC）

$$\mathrm{IIC}=\frac{\sum_{i=1}^{n}\sum_{j=1}^{n}\frac{a_i a_j}{1+nl_{ij}}}{A_L^2} \tag{5-1}$$

式中：n 为研究区内的斑块数量；a_i 和 a_j 为斑块 i 和 j 的面积；nl_{ij} 为斑块之间的连接；A_L 为生境斑块总的面积。IIC 为研究区域内所有斑块的整体连通性数值，IIC 范围在 0～1 之间，指数表现越高反映研究区内评价的相关生态要素整体连通性表现越优越，被众多研究学者认为其可以反映区域内景观整体连通性程度。

②可能连通性（PC）

$$\mathrm{PC}=\frac{\sum_{i=1}^{n}\sum_{j=1}^{n}P_{ij}{}^{*}a_i a_j}{A_L^2} \tag{5-2}$$

式中：参数 $P_{ij}{}^{*}$ 为区域野生动物在不同生境斑块之间迁徙概率的最大值；PC 表示可能连通性，这一指标通常被研究者用来反映研究区域不同生境斑块间的可能连通性，介于 0～1 之间。

③斑块重要性（dPC）

$$d\mathrm{PC}=\frac{\mathrm{PC}-\mathrm{PC}_{re}}{\mathrm{PC}}\times 100\% \tag{5-3}$$

式中：PC_{re} 为去除某一生境斑块 i 之后区域内其他景观要素间可能连通性。dPC 表现优越代表生境斑块在区域生态系统中承担的作用和生态学意义越大。

采用 Conefor 软件进行景观连通性分析。首先利用 Conefor Inputs 10 将形态学空间格局分析结果中的核心区斑块转换为 Conefor 识别的 ASCII 文件。根据经验做法，将阈值设为 500m，连通性概率为 0.5。参考前人相关研究，在 Conefor 26 软件中对核心区生境斑块进行 PC、IIC、dPC 3 个景观连通指数计算，最终选取景观指数 PC 计算得出核心区的景观连通性指数（dPC），选取 $d\mathrm{PC}>0.1$ 的核心区生境斑块作为大兴安岭地区景观生态源地，结合大兴安岭地区现有自然保护区现状（图 5-3）。

通过 ArcGIS 软件对 MSPA 分析所得生态源地与自然保护区叠加提取，选取面积 $>100\mathrm{km}^2$ 作为生态源地，依据自然保护区重要性及 dPC 值，最终根据面积排序，划分出重要生态源地（主要为核心保护区）、中等生态源地（$d\mathrm{PC}>1$）以及一般生态源地（$d\mathrm{PC}\leqslant 1$）（图 5-3，表 5-4）。

在大兴安岭地区内除加格达奇区和呼玛县西南局部地区源地之间 dPC 值较小外（主要原因是这 2 个区域人口相对较为集中，人类活动强度较大），其他景观区 dPC 值均达到了 99%以上，说明大兴安岭地区整体适宜物种生存，有利于物种的迁移和能量交换。为了使大兴安岭地区内景观之间的连通性增强，维护生态系统稳定和生态服务价值，需要对连接性较差的斑块进行重点保护，以增加生境适宜性和各个景观连通性。

二、生态廊道的构建

（一）生态阻力面构建

生态物质在区域内流动需克服场地阻力（如坡度、高程、用地类型等），在参考前人研究成果的基础上，选取坡度、高程、MSPA 景观分类、用地类型 4 类因子和 27 个因素作为阻力指标，对各层阻力因子进行分级，并赋予权重系数和阻力（表 5-5）。

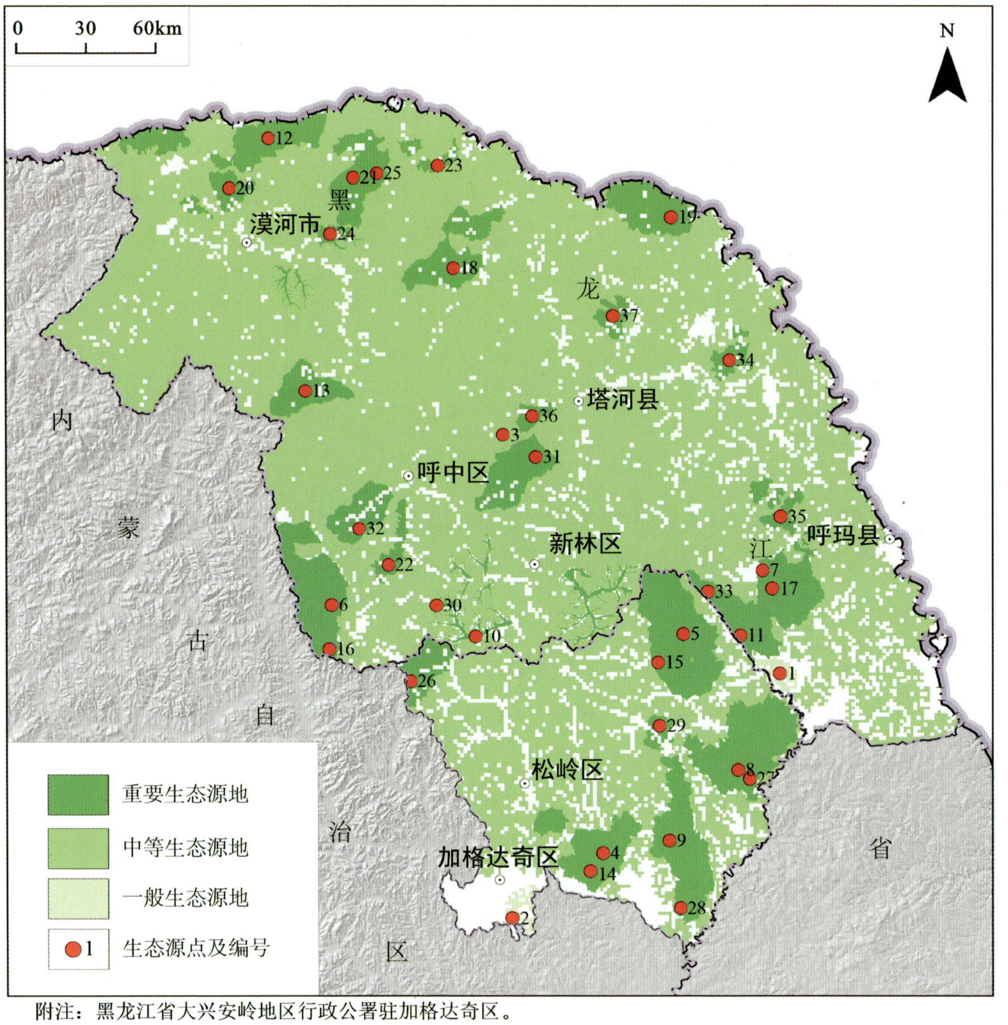

附注：黑龙江省大兴安岭地区行政公署驻加格达奇区。

图 5-3　大兴安岭地区生态源地图

表 5-4　大兴安岭地区生态源地统计

源地编号	dPC	自然保护区名称	面积/km^2	源地等级
1	0.251 101		135.68	一般
2	0.155 537		137.12	一般
3	99.996 54		57 576.89	中等
4		黑龙江多布库尔国家级自然保护区	375.28	重要
5		黑龙江南瓮河国家级自然保护区	452.47	
6		黑龙江呼中国家级自然保护区	160.44	
7		黑龙江绰纳河国家级自然保护区	113.55	重要
8		黑龙江罕诺河湿地地级自然保护区	499.84	重要
9		黑龙江那都里河湿地地级自然保护区	470.83	重要

续表 5-4

源地编号	*d*PC	自然保护区名称	面积/km²	源地等级
10		大兴安岭塔河源头湿地地级自然保护区	193.77	重要
11		大兴安岭嘎啦河湿地地级自然保护区	250.31	重要
12	99.996 54	黑龙江北极村国家级自然保护区	906.38	重要
13	99.996 54	黑龙江岭峰国家级自然保护区	453.06	重要
14	99.996 54	黑龙江多布库尔国家级自然保护区	433.62	重要
15	99.996 54	黑龙江南瓮河国家级自然保护区	932.81	重要
16	99.996 54	黑龙江呼中国家级自然保护区	839.36	重要
17	99.996 54	黑龙江绰纳河国家级自然保护区	566.03	重要
18	99.996 54	黑龙江盘中国家级自然保护区	685.70	重要
19	99.996 54	双河国家级自然保护区	641.18	重要
20	99.996 54	黑龙江漠河笃斯越橘省级自然保护区	248.88	重要
21	99.996 54	黑龙江常青省级自然保护区	519.44	重要
22	99.996 54	黑龙江呼源钴天柳省级自然保护区	192.97	重要
23	99.996 54	大兴安岭额木尔河入江口湿地地级自然保护区	130.38	重要
24	99.996 54	大兴安岭额木尔河湿地地级自然保护区	155.58	重要
25	99.996 54	大兴安岭依西地级自然保护区	139.90	重要
26	99.996 54	大兴安岭北庆貂熊地级自然保护区	348.08	重要
27	99.996 54	黑龙江罕诺河湿地地级自然保护区	766.08	重要
28	99.996 54	黑龙江那都里河湿地地级自然保护区	584.35	重要
29	99.996 54		110.95	重要
30	99.996 54	大兴安岭塔河源头湿地地级自然保护区	186.76	重要
31	99.996 54	大兴安岭新林大青山泥炭藓湿地地级自然保护区	594.33	重要
32	99.996 54	大兴安岭呼中原麝地级自然保护区	415.11	重要
33	99.996 54	大兴安岭嘎啦河湿地地级自然保护区	336.18	重要
34	99.996 54	大兴安岭哈拉巴奇湿地地级自然保护区	183.08	重要
35	99.996 54	大兴安岭倭勒根河湿地地级自然保护区	291.94	重要
36	99.996 54	大兴安岭塔林地级自然保护区	118.21	重要
37	99.996 54	大兴安岭秀峰地级自然保护区	167.97	重要

表 5-5 大兴安岭地区生态阻力层权重及因子阻力值

阻力因子	权重	阻力因子分级	阻力值	阻力因子	权重	阻力因子分级	阻力值
坡度/(°)	0.13	<5	10	高程/m	0.07	<200	10
		5～15	30			200～400	30
		15～20	50			400～600	50
		20～30	70			600～800	70
		30～40	90			800～1000	90
		>40	100			>1000	100
MSPA景观类型	0.44	核心区	10	土地利用分类	0.36	林地	10
		桥接区	20			水体	20
		环道区	30			灌丛、沼泽	30
		支线	40			草地	50
		孤岛	50			耕地	70
		边缘区	70			未利用地	90
		孔隙	90			城镇	100
		背景	100				

生态阻力面模型构建方程为

$$V_{CR} = \sum R_{ij} W_i \tag{5-4}$$

式中：V_{CR}为第 i 个栅格单元综合生态安全指数；R_{ij}为第 i 个栅格单元的第 j 个指标的安全指数；W_i为第 i 个指标的权重。

利用 ArcGIS 软件中的重分类工具对大兴安岭地区的高程、坡度、用地类型、MSPA 景观分类进行阻力值分类，分别得到这 4 个单因子的阻力面(图 5-4)。

然后根据各阻力层权重系数及相应阻力值进行综合加权指数计算，得到大兴安岭地区综合阻力面(图 5-4)。

(二)基于最小累积阻力模型(MCR)构建潜在生态廊道

最小累积阻力模型(MCR)是用来计算物种从生态源地转移到其他地区所消耗成本的代价模型，将其与 GIS 内的相关成本距离问题有效结合，其最主要的作用就是可以区别关键区域和关键节点，该模型经常被用于自然生态的相关研究中，可构建起始源地与目标源地之间的最短路径，反映物质在生态源地间流动所需克服最小的距离成本。MCR 模型构建方程如下：

$$\mathrm{MCR} = f\min\sum_{j=n}^{i=m}(D_{ij}R_j) \tag{5-5}$$

式中：f 为反映 MCR 与变量 D_{ij} 和 R_j 之间正比关系的函数；D_{ij} 为物质或能量从 j 至 i 的空间距离；R_j 为某景观表面 j 的阻力值。

在生态源地与综合阻力面构建的基础上，利用 ArcGIS 10.5 软件成本距离块，结合公式，计算生态源地间成本回溯链接和成本距离，模拟识别出的大兴安岭地区 37 块生态源地之间最小累积路径，将所有路径进行合并、去冗，最终构建 666 条总长度 1 626 967.94km 的潜在生态廊道(图 5-5)。

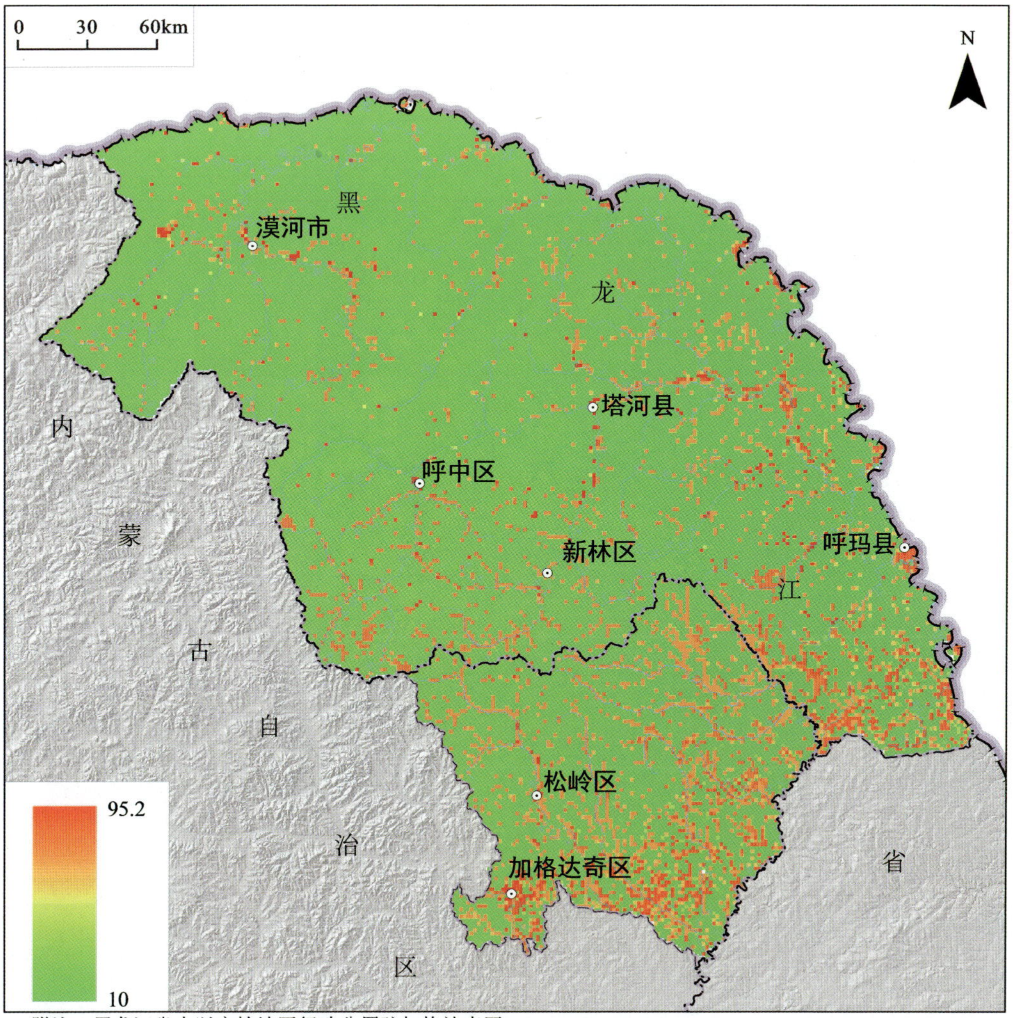

图 5-4 大兴安岭地区综合阻力面图

（三）基于重力模型(GM)的生态廊道筛选分级

重力模型(GM)可以识别各生态源地之间的相互作用矩阵，通过量化标准评价研究范围内生态源地之间的相互作用强度，生态源地之间的相互作用强度测名能够反映连通其之间的最小成本廊道的有效性和必要性。其原理为生态源地面积较大，且生态源地之间的廊道成本小则相互作用轻度高，廊道的重要性程度就高，从而为重要生态廊道的选取提供依据。

计算公式为

$$F = G_{ij} = \frac{N_i N_j}{D_{ij}^2} = \frac{\frac{\ln a_i}{P_i} \frac{\ln a_j}{P_j}}{\left(\frac{L_{ij}}{L_{\max}}\right)^2} = \frac{L_{\max}^2 \ln(a_i) \ln(a_j)}{L_{ij}^2 P_i P_j} \tag{5-6}$$

式中：G_{ij}为斑块i和j间相互作用力；N_i、N_j分别为斑块i和j权重值；D_{ij}为斑块i和j间潜在廊道阻力值；P_i、P_j为斑块i和j阻力值；L_{ij}为斑块i到j之间潜在廊道累计阻力值；$L_{\max}$为研究区内潜在廊道最大阻力值；a_i、a_j分别为斑块i、j的面积值。利用重力模型(GM)对37个生态源地的相互作用力进行计算，构建相互作用矩阵。生态源地间引力值越高，说明其联系越紧密，能量传递也就越频繁。将相互作用力>100 的确定为一级廊道，共 42 条，50<相互作用力≤100 的确定为二级廊道，共 24 条，0≤相互作用力≤50 的确定为三级廊道，共 600 条(图 5-5)。

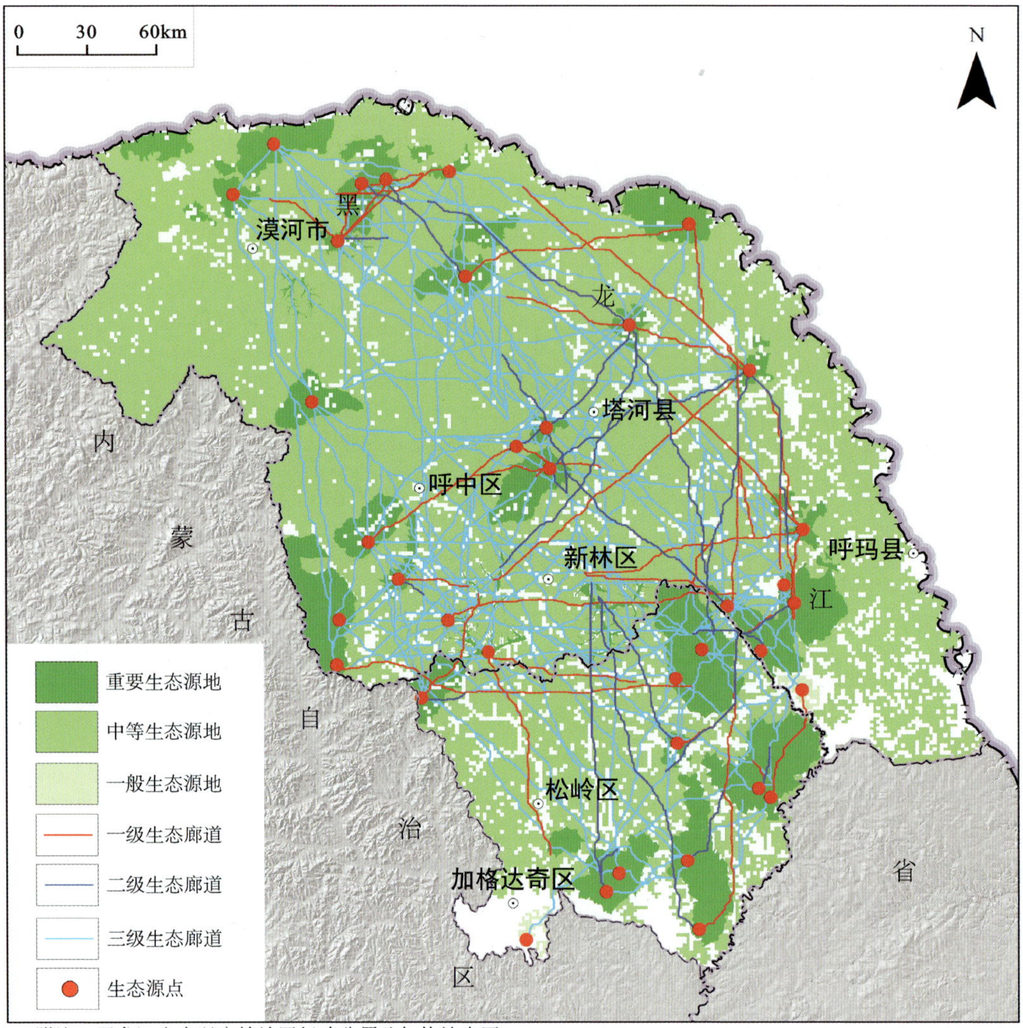

图 5-5 大兴安岭地区三级生态廊道分布图

三、生态节点识别

生态节点是研究区景观的战略点，当物种从生态源地向外迁移时，它们起着重要作用，对于源地之间是否可以建立起生态关联，是否可以使生态流正常流通有着十分重要的生态意义。如果生态节点分布分散，易受到人类活动影响。节点受到毁坏，就阻碍了物种迁移与传播。生态节点对提高景观连接性方面的作用是其他部分无法替代的。确定生态节点并对其维持和修护，对维持当地生态物种分散有着重要的生态意义。在一定景观介质表面上，生态节点为生态廊道相交点或转折点。本书利用 ArcGIS 10.5 软件，在提取生态廊道间交点基础上，综合考虑生态源地分布、成本等，对交点进行优化、抽稀，最终构建得到生态节点，共计 222 个(图 5-6)。

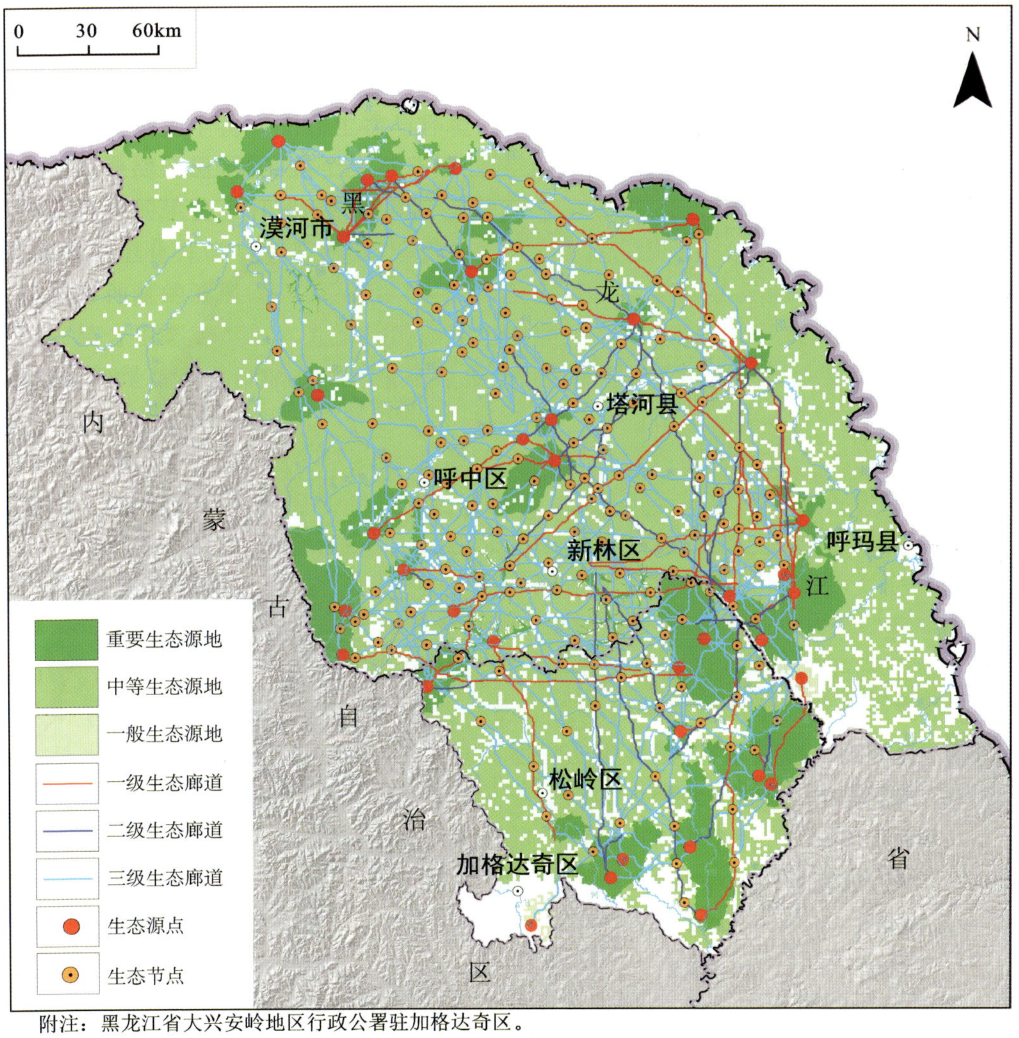

附注：黑龙江省大兴安岭地区行政公署驻加格达奇区。

图 5-6　大兴安岭地区生态节点分布图

四、生态安全格局构建

基于前文生态源地、生态廊道、生态节点，利用地理信息系统叠加分析功能完成大兴安岭地区生态安全格局构建，将生态源地作为禁止开发区，耕地、建设用地和未利用地作为生产生活区，草地等其他区域作为限制开发区域，同时将主要公(铁)路和河流纳入到生态廊道范围，共同构成大兴安岭地区生态安全格局图(图 5-7)。

五、生态保护建议

基于前文构建的生态安全格局图(图 5-7)，对大兴安岭地区生态保护和国土规划提出针对性意见，以期能够为大兴安岭地区生态保护、国土空间规划及维护区域生态环境安全提供参考。

徐伟振，黄思，耿建，等，2022. 基于最小累积阻力模型的平江县生态安全格局构建[J]. 西北林学院学报，37(2)：264-272.

许峰，尹海伟，孔繁花，等，2015. 基于MSPA与最小路径方法的巴中西部新城生态网络构建[J]. 生态学报，35(19)：1-10.

许文雯，孙翔，朱晓东，等，2012. 基于生态网络分析的南京主城区重要生态斑块识别[J]. 生态学报，32(4)：1264-1272.

杨扬，2017. 中俄原油管道及伴行道路对大兴安岭多年冻土热干扰研究[D]. 哈尔滨：东北林业大学.

殷嘉飞，邢树文，2007. 大兴安岭地区矿产调查评价工作回顾及"十一五"总体部署设想[J]. 地质与资源，17(2)：86-91.

于成龙，刘丹，冯锐，等，2021. 基于最小累积阻力模型的东北地区生态安全格局构建[J]. 生态学报，41(1)：290-301.

于跃江，2021. 大兴安岭地区前古生代大地构造发展演化[J]. 中国资源综合利用，39(8)：42-45.

于跃江，赵忠海，杨欣欣，等，2019. 大兴安岭北段漠河前陆盆地早侏罗世火山岩时代的厘定[J]. 中国地质，48(2)：580-592.

于志民，王礼先，1999. 水源涵养林效益研究[M]. 北京：中国林业出版社.

俞孔坚，1999. 生物保护的景观生态安全格局[J]. 生态学报，19(1)：8-15.

袁昊，2020. 大兴安岭地区火烧时空格局及驱动力分析研究[D]. 沈阳：沈阳大学.

张继平，乔青，刘春兰，等，2017. 基于最小累积阻力模型的北京市生态用地规划研究[J]. 生态学报，37(19)：6313-6321.

张景华，欧阳渊，刘洪，等，2021. 基于主控要素的生态地质脆弱性评价：以四川省西昌市为例[J]. 自然资源遥感，33(4)：181-191.

张腾蛟，刘洪，欧阳渊，等，2019. 中高山区土壤成土母质理化特征及主控因素初探：以西昌市为例[J]. 沉积与特提斯地质，40(1)：106-114.

张瑶，2009. 大兴安岭26年间林火对森林植被碳收支的影响[D]. 哈尔滨：东北林业大学.

赵红梅，2011. 驱动下典型湿地碳氮积累与释放过程研究[D]. 北京：中国科学院大学.

赵魁义，张文芬，周幼吾，等，1994. 大兴安岭森林火灾对环境的影响与对策[M]. 北京：科学出版社.

郑禄林，2010. 内蒙古临江屯找矿工作区含金性及成矿预测初步研究[D]. 贵阳：贵州大学.

周梅，于新晓，冯林，等，2003. 大兴安岭林区冻土及湿地对生态环境的作用[J]. 北京林业大学学报，25(6)：91-93.

周幼吾，郭东信，邱国庆，等，2000. 中国冻土[M]. 北京：科学出版社.

周志峰，王耀，张翼，等，2019. 森林退化评价指标与类型划分初步研究[J]. 河北林业科技(3)：39-43.

朱教君，李凤芹，2007. 森林退化/衰退的研究与实践[J]. 应用生态学报，18(7)：1601-1609.

BORMANN F H, LIKENS G E, 1979. Pattern and processes in a forested ecosytem[M]. New York: Springer Verlag.

CAMPO J, ANDREU V, GIMENO-GARCIA E, et al., 2006. Occurrence of soil erosion after repeated experimental fires in a mediterranean environment[J]. Geomorphology, 82: 376-387.

FLANNIGAN M, STOCKS B, TURETSKY M, et al., 2009. Impacts of climate change on fire activity and fire managent in the circumbroreal forest[J]. Global Change Biology, 15(3): 49-560.

FRENCH H M, 2018. The periglacial environment[M]. New Jersey: John Wiley & Sons Ltd.

GAGARIN L, MELNIKOV A, OGONEROV V, et al., 2017. Phenomena caused by seismic and geocryological processes across linear infrastructure, South Yakutia, Russia[J]. Sciences in Cold and

Arid Regions,9(4):352-362.

HARRIS S A,2009. Climate change and permafrost stability in the eastern Canada Cordillera:The results of 33 years of measurements[J]. Sciences in Cold and Arid Regions,1:0381-0403.

HE R X,JIN H J,LI X Y,et al.,2021. Permafrost features in the Nanwenghe Wetlands Reserve on southern slope of the Da Xing'anling-Yile'huli mountains,Northeast China[J]. Advances in Climate Change Research,12(5):696-709.

HORNBECK J W,SWANK W T,1992. Watershed ecosystem analysis as a basis for multiple use-management of eastern forests[J]. Ecological Application(2):238-247.

JIN H J,CHANG X L,LUO D L,et al.,2016. Evolution of permafrost in Northeast China since the Late Pleistocene[J]. Sciences in Cold and Arid Regions,8(4):269-296.

JIN H J, YU Q, LÜ L, et al., 2007. Degradation of permafrost in the Xing'anling mountains, northeastern China[J]. Permafrost Periglacical Processes,18(3):245-258.

JIN X Y,JIN H J,IWAHANA G,et al.,2021. Impacts of climate-induced permafrost degradation on vegetation:A review[J]. Advances in Climate Change Research,12(1):29-47.

LI X Y,JIN H J,JIN X Y,et al.,2021. Influences of wildfires on the permafrost environment:A review[J]. Advances in Climate Change Research,12(1):48-65.

LI X Y,JIN H J,WANG H W,et al.,2019. Effects of forest fires on the permafrost environment in northern Da Xing'anling (Hinggan)mountains,NE China[J]. Permafrost Periglacical Processes,30:163-177.

LUO D L,JIN H J,JIN R,et al.,2014. Spatiotemporal variations of climate warming in northern Northeast China as indicated by freezing and thawing indices[J]. Quaternary International, 349:187-195.

PUTUHENA W M,1996. Estimation of interception capacity of the forest floor[J]. Journal of Hydrology,180(1-4):283-299.

VOGT P,RIITTERS K H,IWANOWSKI M,et al.,2007. Mapping landscape corridors[J]. Ecological Indicators,7(2):481-488.

ZHANG Z Q, WU Q B, HOU M T, et al., 2021. Permafrost change in Northeast China in the 1950s-2010s[J]. Advances in Climate Change Research,12(1):18-28.